识茶·泡茶·品茶

茶道从入门到精通

良卷文化 ∕ 编著

谢荣富 ∕ 特邀顾问

天津出版传媒集团

天津科学技术出版社

图书在版编目（ＣＩＰ）数据

识茶·泡茶·品茶 ： 茶道从入门到精通 / 良卷文化编著. -- 天津 ： 天津科学技术出版社，2014.8

ISBN 978-7-5308-9166-7

Ⅰ．①识… Ⅱ．①良… Ⅲ．①茶叶－文化－中国 Ⅳ．①TS971

中国版本图书馆CIP数据核字(2014)第196971号

————————————————————————

责任编辑：布亚楠
————————————

天津出版传媒集团

天津科学技术出版社出版

出版人：蔡　颢

天津市西康路35 号　邮编300051

电话：（022）23332695

网址：www.tjkjcbs.com.cn

新华书店经销

北京彩虹伟业印刷有限公司印刷
————————————————

开本889×1194 1/24　印张8　字数220 000

2014年9月第1版第1次印刷

定价：36.00 元

前言

源远流长的茶文化，五彩斑斓的茶具，甘甜醇厚的茶叶，丰富繁杂的养生茶饮，特色分明的茶道礼仪……老百姓最寻常的日子，因为这一缕茶香的滋润，而变得婉约丰富，充满了厚重的人情味。

我国幅员辽阔，全国各地生长着各种各样的茶树，茶叶是茶树的叶或芽，采集后经过筛选和炒制成为不同风格和色泽的茶叶。为了便于认识这些茶叶，我们将它们分成了红茶、黄茶、绿茶等不同的系列，每个系列又有很多茶种，风味各不相同。

茶叶香醇美味，价格实惠，冲泡方便，能够做饮料也能入菜；茶汤不温不火，能够待客也能养生，是很好的药引子。茶叶的品种繁多，每种茶叶都自有一番风味；茶汤色泽各异，每种都呈现不同的色彩；茶具的类型各不相同，每种都有自己的特色；茶道风格多样，每种都传承着一种文化……

但当我们试着领略茶文化时，扑面而来的信息令人一时找不到方向：到底是应该去欣赏一种茶具，还是应该去品鉴一种茶叶？没有人能够给我们答案，更多的时候，我们只能用自己的眼睛去观察，顺着自己心意去寻找。在未知的世界里，总会有一些惊喜让我们感动，也总会有一些发现让我们迷惑，还会有一些体验让我们进退两难……这场发现之旅交织着幸福与快乐，也充满着迷惑与不解。

感谢这本书的作者，为我们全面地展示了茶文化的魅力。琳琅满目的茶具，精彩纷呈的茶叶，绚烂多姿的茶艺，各种各样的茶养生文化……茶香芬芳，品出的是回味不尽的甘醇；茶汤绚烂，凝聚着充满情谊的香气；茶具美丽，饱含着水与火的纯洁祝福；茶艺精湛，充满着厚重的文化底蕴……细品本书，我们可以拨开云雾，见证茶人的心路历程，也见证一种国粹的精致。

本书的作者有周瑾、向琴、邹胜利、王锐、沙晓云、李曦、张琛、罗巨浪、蒋丽莎、张跃媛、杨旭春、罗燕、曹晓琴、罗凯旋、肖庆。感谢他们的辛勤工作。

目录

第四章·茶叶

茶 具

茶具，在古代被称为茗器或茶器，是上至达官贵人，下到普通百姓饮茶时都需要使用的器皿。茶具按照其使用范围的不同，分为狭义的茶具和广义的茶具。狭义的茶具指茶壶、茶杯或者茶盘等饮茶用具；广义的茶具指的是茶社、茶人、茶灶等和茶文化相关的延伸。我们日常所说的茶具为狭义的茶具，主要指的是紫砂茶具、玻璃茶具等饮茶用具。

人类使用茶具的历史超过千年。考古发掘出土的古陶残片和青铜器皿，充分证明茶具在古代已经广泛使用。现代茶具种类繁多、花色各异，茶具的使用方式也各具特色。

茶具种类

锡制茶罐

竹木茶罐

铁皮茶罐

 茶罐

[功能]

储存茶叶。

[如何选择]

茶叶很容易因为储存不当而串味，而且吸入水汽后会变得潮湿，饮用口感很差，甚至会发生霉变；因此，茶叶需要存放在合适的茶罐中。茶罐价格差异较大：纸质茶罐免费赠送，黄金或青铜茶罐价格高昂。茶罐种类很多，需要按照饮茶者的爱好、对茶叶的偏好和经济承受能力来选择。

锡制茶罐

锡制茶罐密封性好、防潮、抗氧化、避光，能很好地防止茶叶串味；但是锡制茶叶罐价格较高，而且受到制作工艺的限制，造型比较简单，看起来相对朴素。部分茶叶，比如普洱茶，需要存放在能够自如呼吸的小环境里面，就不能选用锡制茶叶罐。

竹木茶罐

竹木茶罐密封性尚可，防潮性会稍差一些，抗氧化、避光，能较好地防止茶叶串味。竹木茶罐价钱便宜，经济实惠，使用方便，不会热胀冷缩。但竹木茶叶罐受到材质的影响，在潮湿的环境下容易朽坏。

铁皮茶罐

铁皮茶罐密封性较好，能很好地隔离光线，耐摔打，能防潮，但是本身容易锈蚀。一旦生锈，密封性也会差很多，储存茶叶的能力大打折扣。部分铁皮茶叶罐有内胆，铁皮变形后内胆难以取出。

瓷器茶罐

瓷器茶罐密封性一般，能够比较好地避光。瓷器本身不怕水，但是很容易摔坏，部分瓷器茶叶罐有内胆（双层陶瓷或者金属内胆）。瓷器茶罐的外观造型丰富，可以做成各种造型，也可烧制出不同的大小和花色，观赏性较强。

不锈钢茶罐

不锈钢茶罐密封性好，防潮性和隔绝光线的能力均属一流。不锈钢茶罐不仅经久耐用，而且经过多年的使用也不会变形，比较便于携带，价钱适中，性价比高。但是造型简单，极少有装饰，部分茶客更喜欢外形美丽的茶罐。

陶制茶罐

陶制茶罐用陶土烧制而成，透气性好，罐内的温度比较稳定，避光且能防潮防水。陶制茶罐罐体比较大，不能随身携带，且搬动时茶罐的盖子容易掉下，因此更适合存放大量的茶叶。

纸质茶罐

纸质茶罐用纸板压制而成，比较轻便，便于随身携带。纸质茶罐可以隔绝光线和灰尘，但是容易被水或者油污损，无法清洗，只可以在短时间内使用，其外观造型主要体现在纸品图案变化上。

不锈钢茶罐

瓷器茶罐

纸质茶罐

贵金属茶罐

金属茶罐能够防潮隔热，隔绝光线和水汽的能力也很强。但金属茶叶罐价格较贵，特别是黄金、白银、铂金茶罐价值不菲。由于贵金属茶罐很重，不便于随身携带，且产量极少，一般都用于收藏或者投资，日常生活中很少使用。

[如何使用]

根据自己的使用需要、更换频率和经济承受能力来选择茶罐。一般说来，绿茶可存放在任何材质的茶罐中；而香味重的茶叶（如茉莉花茶或者铁观音）需要存放在锡制茶罐、瓷器茶罐、不锈钢茶罐等密封性较好的茶罐中。

新买的茶罐如果有异味，就可以放入少量茶叶末，然后加盖静置 24 小时，异味即可消除。不管茶罐有无异味，都需要洗涤干净后才能使用（最好在太阳下晒干或者用毛巾擦干，也可以用电吹风吹干）。

茶罐装入茶叶后，需要存放于干燥、通风的地方，避免阳光直射，避免水汽、化学药物和油渍的污损。存放茶叶后，在罐体上贴上标签，标注茶叶的品种、存放和购买日期。

陶制茶罐

金属茶罐

炉具

气炉

气炉加热的好处是速度快、温度高、经济实惠且操作方便。气炉加热仅用于烧制开水，不能用于煮制茶叶。烧开后的水可直接冲泡茶叶。

气炉

酒精加热炉

电磁炉

电磁炉加热很快，同时方便清洁、经济实用；但水温不能控制，在冲泡需要低温冲泡的茶叶时，应将开水稍微静置后再进行冲泡。

泡茶炉

专用的泡茶炉可以调节烧水的温度，同时还有保温功能；但泡茶炉较贵，也难以同时调整几种水温，具有一定的局限性。

微波炉

微波炉加热速度快、水温高，但是微波加热的方式会破坏水的分子结构，最好不使用微波炉加热。此外，对于放入微波炉中的茶具，也有一定的限制。

酒精炉

使用酒精炉加热环境比较舒适，没有烟尘气。酒精炉普遍比较小，只能加热少量水，如果冲泡较多的茶叶，就会不经济。使用酒精的话，原则上最好使用液体酒精，瓶中加注的酒精量不要超过瓶体的 2/3，否则点火时容易造成酒精溢出。在点火之前一定要检查下灯芯，不能太长或者太松散，否则容易造成火势过大。使用完后，不要用嘴吹气灭火，直接用盖子盖上即可。

炭炉

炭炉加热，能够比较好地保留水的滋养特色，但是现代家庭主要用电或者天然气加热，炭炉和烧水用的炭都需要去专卖店购买，价钱贵，生火也比较麻烦，只能煮少量的茶汤。一般只有茶道发烧友才会使用炭炉烧水。

炭炉

烧，然后在炉具上放入水壶。水烧开后，等燃料自然烧尽后熄灭，也可以用完后盖好盖子，火苗缺氧后就会自动熄灭。注意：燃烧时需开窗通风。

水壶

[功能]

烧制泡茶用水的器具。

[如何选择]

铁质和陶制的水壶保温性强，烧制的时候噪音比较小。铁壶和陶壶能够软化水质，不需要反复烧水，水烧开后可以在固定温度上保温。不锈钢的水壶保温性强，经久耐用，便于清洗和存储。

[如何使用]

新壶使用之前应该清洁并除去异味，并认真阅读使用说明书。铁质的水壶不能放入微波炉，陶制的水壶可在部分电炉上加热，都需要按照壶和炉具本身的特性和相互匹配性来决定使用情况。在野外等没有电或者天然气的地方，可以使用便携式酒精炉或者柴火进行加热（需注意安全，避免引发山火）。

炭炉可以用木炭做燃料，也可以使用比较专业的橄榄炭和油薪竹。在选择橄榄炭的时候，一定要选用乌橄榄烧制的炭，而不能选用青橄榄烧制的。因为青橄榄烧制的炭会出现口半开、没有橄榄仁的情况，烧出的水也略苦。油薪竹是以山中的小竹为原料制成的，不易购买。

先在炭炉中放入油薪竹，下层架空，然后放入固体酒精（也可以放入旧布或者废纸），然后用火筷夹入橄榄炭或者木炭，扇火通风。炭在炉具中燃

[功能]

茶壶是泡茶的最主要茶具,是冲泡茶汤的容器,被称为"茶具之王"。常见的茶壶有瓷茶壶、紫砂茶壶和玻璃茶壶等,造型很多,大小不一,适用于不同的场合。

标准持壶

拇指和中指用力提起茶壶,食指伸出盖住茶壶的盖子,无名指抵住茶壶,小指弯曲或者与无名指一起抵住茶壶。若茶壶有气孔,则手指不能盖住气孔(茶壶盖易碎,可以用鱼线提前固定在壶把上)。

双手持壶

一只手用中指顶住茶壶盖,另外一只手用拇指、食指和中指握住茶壶把,小指头卷曲或者发力。值得注意的是,如果是左撇子,就应该用自己熟悉的手指来握住茶壶把,不要随意更换用力的手,并且食指不能盖住气孔(以免茶汤溢出)。

紫砂壶

茶壶

[功能]

容纳茶汤的容器,泡茶的主要器具。

[如何选择]

茶杯大小、形态各异,常见的有玻璃、紫砂、瓷等材质的茶杯,适用于不同的场合。除了部分茶叶(如黑茶)外,最好不要使用保温杯,以免破坏茶叶中的维生素并使茶香油挥发。

茶杯

盖碗

[如何使用]

　　品茶的时候，应该右手拇指和食指握住茶杯，左手同时托起茶杯托。使用玻璃杯时，最好用手托住杯底。

**盖碗**

[功能]

　　盖碗既能作为茶壶泡茶，又能够作为茶杯直接使用。

[如何选择]

　　盖碗由碗盖、茶碗和托盘组成，一般都是瓷制的，也有紫砂或者玻璃的盖碗茶具。盖碗的材料不同，重量会有差异，购买时应该选择手握比较舒适的盖碗。盖碗需要选择边缘外翻的，便于手握时隔绝高温。

[如何使用]

　　冲泡茶水之前需要温杯，应左手持盖碗中下部，右手按住碗盖，将盖碗按顺时针旋转一周，再用右手掀开碗盖，左手将盖碗中的水倾倒入碗盖之中，再倒掉。注意：倒水的时候，碗盖需要旋转。

　　使用盖碗的时候应该右手托底,拇指按住碗托,左手以拇指和食指捏住盖钮，再用盖沿轻轻撇开碗中茶叶。若把盖碗当作茶壶用，则最好用拇指和中指卡住盖碗的两端，碗盖前低后高方便倒茶。

 茶盘

[功能]

　　放置茶壶、茶杯、公道杯、茶道六君子等茶具的托盘，质地有竹木、金属、陶瓷等。茶盘有大有小，功能很多，有的茶盘还可以盛接泡茶过程中倒掉的水。

[如何选择]

　　有的茶盘是和茶具成套出售的，但也有专门的工艺茶盘销售。选择茶盘应该遵循"宽、平、浅、畅"，以及美观、实用、性价比高等原则。

茶盘

公道杯

[功能]

主要用于盛放调制的茶汤，同时也用于将几次冲泡好的茶汤收集在一起，然后分入各个茶杯中。公道杯有玻璃、紫砂或者瓷的，容积一般比茶壶大。

[如何选择]

有的公道杯包含在成套茶具之内，不需要单独购买，也有的茶具并不配有公道杯，需要按自己的要求来选择购买。应该选择容量比茶壶大的、无盖的、有便于倾倒茶汤的倒水口的公道杯。

[如何使用]

将茶叶放入茶壶中注水冲泡，不能在公道杯里面冲泡。茶叶在茶壶中冲泡好后应该立即倒入公道杯中。茶叶不能在茶壶中久泡，否则茶汤的颜色会变深，香气也会损失严重。大部分的茶叶都需要冲泡三泡，先后将茶汤放入公道杯中，然后再分入茶杯中。

闻香杯

[功能]

用于品鉴茶叶香味，特别适用于高香茶。

[如何选择]

大多数闻香杯杯小且细高，材质主要以玻璃、陶瓷为主，也可将多余的茶杯作为闻香杯使用。

[如何使用]

将茶汤倒入闻香杯后，将闻香杯置于鼻前，双手缓慢转动杯身来品鉴香气。

公道杯

闻香杯

茶具

茶道六君子

[功能]

在冲泡茶叶的时候，处理茶渣、疏通茶壶嘴的小型工具。

[如何选择]

茶道六君子包括茶筒、茶针、茶夹、茶匙、茶则、茶漏，通常用竹木制成，也有金属质地的。一般说来，茶道六君子都是成套出售的，也有包含在成套茶具中一起销售的，很少单件出售。

[如何使用]

茶针主要是用于疏通茶壶嘴；茶夹用于烫取杯子时夹住杯子；茶则用于从茶罐中取用茶叶；茶匙用于在茶荷中拨取茶叶；茶漏用于在放入茶叶时候预防茶叶外漏；茶筒用于保管上述几种茶具。使用茶道六君子（茶筒除外）时，只能握住尾部，不能用手接触前端。

茶筒

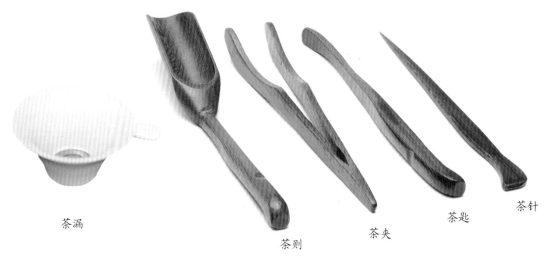

茶漏　　茶则　　茶夹　　茶匙　　茶针

 茶荷

[功能]

暂时存放取出的茶叶，于闻香或鉴别茶叶好坏的时候使用。

[如何选择]

茶荷以竹木或者瓷器制作的较多，一般都是于成套茶具中配套出售的，单独购买的多由白瓷、青花瓷或者玻璃材料制作。在专卖店或者正规的厂家购买即可。

茶荷

[如何使用]

用一只手的四个指头和大拇指分成两列，然后将茶荷放置在掌心中，另外一只手则托在其底部。荷茶主要在冲泡高级茶叶或者闻香的时候使用，使用时注意手指不能接触茶荷的入口处。

杯托

[功能]

用于盛放茶杯或者闻香杯，可以隔热并避免水汽滴落在茶具上。材质一般为竹木、紫砂或者陶瓷，也有工艺杯托。

[如何选择]

原则上选用配套的杯托，若单独选择，则最好选能防水隔热的竹木杯托。女性饮茶者可选用具有雕刻或者浮雕的工艺杯托。

茶巾

[功能]

主要用于擦拭泡茶过程中产生的水珠，特别是茶壶和茶杯上的水珠。在工夫茶或者一些特殊泡法中，茶巾也用于包裹茶壶，主要由棉布、麻布、混纺材料制作。

[如何选择]

茶巾主要用于擦拭在泡茶或饮茶的过程中滴落下来的水珠，不能用来擦拭桌面上的水渍，也用于包裹茶壶。茶巾选择白色或者素色即可。

[如何使用]

茶巾即取即用，擦水后可以直接丢在储物桶里。

壶承

[功能]

用于置放茶壶，材质一般为紫砂或者陶。

[如何使用]

置放于茶盘内，垫于茶壶底部即可。

茶承

茶玩

过滤网

 **茶玩**

[功能]

    饮茶时供赏玩的小工艺品，主要由紫砂或者瓷制成。

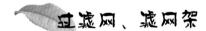 **过滤网、滤网架**

[功能]

    泡茶时用来过滤茶渣。

 盖置

[功能]

    用来垫放茶壶盖的专用托盘。

茶刀

[功能]

    用于切分茶饼或者砖茶等紧压茶的专用器具，比较钝，质地为金属、牛角、羊角、骨质等。

[如何使用]

    使用时，将茶刀插入茶饼中，用力地慢慢撬起一块茶叶，注意撬起来的茶叶需要用拇指按住。也可用茶道六君子的茶针代替茶刀，但一定不能用水果刀来撬起茶叶，以免戳伤手指。

茶具的选择

茶具历史悠久，根据制作工艺的不同，分为紫砂茶具、瓷器茶具、玻璃茶具、漆器茶具等。不同的茶具适用于冲泡不同的茶叶。

紫砂茶具

紫砂茶具婉约秀丽，却又厚重知性，给人以很多遐想，也蒙上一层神秘的面纱。多数学者认为紫砂茶具起源于明朝，这在出土于南京的吴经太监墓(约1533年)的紫砂茶具残片中得到印证。朱元璋的儿子朱权所著的《茶谱》也记载了以紫砂茶具冲泡茶汤之事，沉没在海上丝绸之路的商船遗骸内保存完好的紫砂茶具实物，更是真实再现了当时精湛的工艺水平。

紫砂茶具的最主要原料是紫砂(又名"富贵土")，需要从紫砂矿中经过多次提纯才能用于制作茶具。紫砂矿十分稀少，粗矿叫作"甲泥(泥中泥)"，含水量高，保温性好，富含钙、铁、钠、锌、钾等矿物质元素。紫砂壶是紫砂茶具系列中发展历史最悠久、制作工艺最完备、形态种类最丰富的品种，兼具实用性和观赏性，同时还具有收藏和投资价值，成为茶客的"爱宠"。

[紫砂茶具的特点]

1. 紫砂茶具泡茶不容易走味，茶汤过夜不会变馊，即使存放一两天也不会变色。

2. 茶水对紫砂茶具有着滋养的作用，因此紫砂茶具使用得越久，就越温润亮泽。

3. 紫砂茶具的隔热性较好，不像瓷器茶具、玻璃茶具那样容易烫手。

4. 因为紫砂壶具有吸附茶香的作用，所以使用得越久，紫砂壶越能浸润出茶叶的香味，使茶汤更见醇厚。但最好不要用紫砂壶泡不同种类的茶叶，否则，容易串味。

[如何选购紫砂壶]

定财力，做好预算，小心假冒伪劣产品

真品紫砂壶的价钱介于一百多元到几十万之间，家用级紫砂壶价格超过百元，专业级的紫砂壶多在千元以上。价钱低廉的"紫砂产品"很多都是假冒伪劣"紫砂"，不仅达不到养生的目的，反而会对身体有伤害。尤其是一些小瓦窑生产的"化学紫砂"，几乎不含紫砂成分。购买紫砂壶应该选择正规渠道，不要迷信网上的让利销售，也不要迷信所谓的获奖紫砂壶，而要根据自己的经济能力和需求功能进行选择。

看颜色，优选本色紫砂壶，慎重购买颜色艳丽的款式

紫砂壶的颜色以泥色为佳，因其价位的不同，所选的材料成分会有差异。较便宜的紫砂壶因为紫砂中红泥成分较多，因而颜色偏红；红色、绿色、橙色等颜色艳丽的紫砂壶，是紫砂材料中加入了金属离子调色，金属离子会在高温下析出，请谨慎购

买。紫砂壶光面款式多，部分有浮雕、镂刻、镶嵌等工艺，一般预算下，最好不选择镶嵌款（低端款的装饰片容易变色或者脱落）。

看需求，按照饮茶偏好、"一壶一茶"、饮用环境等选紫砂壶

选紫砂壶要充分尊重自己的喜好，单人使用为水容量 200 ～ 300 毫升的小壶，团体使用为 500 ～ 2000 毫升的大壶。如果喜欢喝大叶片的茶（如

黄茶），就应该选择矮胖或者体型较大的紫砂壶，以便于叶片充分舒展；如果喜欢针叶茶，就应选择瘦高的紫砂壶，便于水充分浸泡茶叶。紫砂壶保温性好，对于加热时间比较长、硬度低的发酵型茶叶，比如铁观音、冻顶乌龙、黄茶、普洱茶等特别适合，但是对于绿茶这类需要短时浸泡的茶叶品种就不适合。

辨品质，辨别紫砂的质量，让假冒伪劣产品无处遁形

紫砂壶纹理清晰，视觉平和不刺眼，表面有细小颗粒，有的内部有放射状颗粒团，触觉细腻，手指滑动时不打滑，用力按压手感较涩。假冒伪劣产品表面要么很滑，要么粗糙磨手，要么就是表面看不出颗粒状。在放大镜（20～30倍）下可见到紫砂是有凸起的，本身有一定的杂质。如果"紫砂"表面太光滑，一般就是加入化学原料后调制而成的。

比质量，讲究紫砂壶的使用性状

紫砂壶外观协调整合，形态构造密合，壶盖和壶身紧密贴合，壶嘴、壶口、壶把三点在同一高度上（俗称"三山平"）。将紫砂壶放于水平面上，壶体保持稳定，没有摇晃（需要空壶和注水后两次试验）。注水后，水要能从水口柱状流出，茶叶不能堵口，水线不能分叉。全壶注水后能够手握壶把将整个壶轻松提起，用手按住气孔后，以水不能倒出者为佳。

听声音，看材料的整体密合性

紫砂壶声音很特别。转动壶盖，正品紫砂壶有轻微的"丝丝"或者"沙沙"声，假冒伪劣品则发出"吭哧吭哧"声，用手指敲打紫砂壶，声音铿锵悦耳，不尖锐，不沉闷，没有杂音；假冒伪劣品的声音回音较重，有的材质有明显的金属声。用壶盖敲击壶身，紫砂壶的声音在敲击结束后立刻停止，假冒伪劣品有余响。

关闭壶盖后用嘴向紫砂壶内吹气，闭合完整的紫砂壶声音干净，没有从缝隙中流出，有漏气声则说明紫砂壶质量不过关，存在小缝隙，可能会漏水。

掂分量，真品紫砂壶较重，假冒伪劣品较轻

紫砂属于陶土，相对而言材料比较重，假冒伪劣产品分量较轻，甚至部分材料可以在水面上浮起。紫砂壶较重（薄胎紫砂会稍微轻一些），入水后会立即沉入水底。薄胎紫砂壶因为报废率高，价钱会更高，销售时卖家都会说明。薄胎紫砂壶抗压性差、易损坏、保存困难、难以转手，不建议购买。

看过水过火能力，紫砂壶可以承受水淹火烧

紫砂有 2% 的吸水性，将水滴在紫砂壶表面后会被逐渐吸收，没有水迹残留。假冒伪劣品无法吸水，水珠会滚落。紫砂壶可以在文火上缓慢加热，滚开后立刻投入冷水中也不会破裂。紫砂壶保温性好，茶汤可以较长时间保持温度，外体不烫手，假冒伪劣品外壁通常比较烫。妥善保养的紫砂壶，长期使用也不会褪色或者变旧，而假冒伪劣品很容易损坏或变旧，会带有高锰酸钾或皮鞋油的味道。

查身家，理清来龙去脉，提倡"根正苗红"

紫砂壶的生产和销售形成了产业链模式，每个紫砂壶都有自己的"身份证"，可以进行网上查询。紫砂壶本身会有壶底款、盖款，还有把款的印章，这些印章有网络备案，出自名家之手的茶壶还有签章。最好通过定点渠道购买紫砂壶，所谓的打折促销不过是销售假冒伪劣品的噱头。

[紫砂壶的开壶工序]

　　紫砂壶要经过开壶才能够使用，这是有科学依据的。经过开壶后的紫砂壶，可以祛除陶土的味道和"火气"，冲泡的茶叶味道会更佳，假冒伪劣产品通常不能经受开壶的考验。紫砂壶开壶还能培养消费者爱紫砂壶的习惯和能力。开壶最好是在资深玩家的指导下进行。现在介绍几种比较简单实用的开壶技巧。

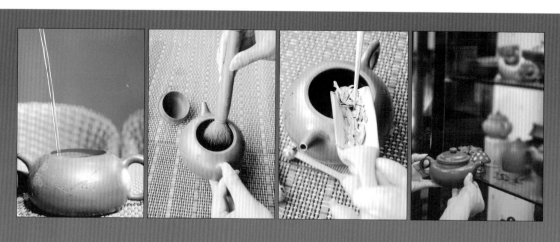

四步开壶法

　　第一步：取干净的钢精锅一个，洗净后放入凉水，然后将茶壶壶身与壶盖分离后放入水中，加热一小时后关火，等待自然冷却；第二步：将煮过的壶身填入一块老豆腐后，重新放入水中，重复第一步的操作；第三步：加入老甘蔗后，重复第一步的操作（没有老甘蔗可换蔗糖）；第四步：放入茶叶后重复第一步的操作，关火后在锅里放置10分钟，沥干水分后放入橱柜中保存。

浇淋开壶法

　　第一步：将紫砂壶壶身与壶盖分离后放入清洁干燥的容器中，然后用烧开的水自上而下地浇淋壶身和壶盖，对整个紫砂壶进行消毒，并祛除霉味，壶身显得鲜亮光洁；第二步：用牙膏将整个壶身轻刷几次，保证紫砂壶壶身"毛孔"张开并清除灰尘，紫砂壶显得更加亮润；第三步：将茶叶放入壶中并进行冲泡，泡过后将茶汤倒掉，重复三次，最后将紫砂壶自然风干并放入橱柜中保存。

消毒开壶法

　　第一步：紫砂壶壶身与壶盖分离并平放，用牙膏刷洗紫砂壶（切忌使用任何化学制剂）。第二步：将紫砂壶壶身与壶盖放入钢精锅中，用水煮开后放入茶叶继续煮10分钟，熄火并等待茶壶自然冷却；（如果紫砂壶被打蜡或做过"美容"，水面会有颜料颗粒或油花浮出）；第三步：重复上述步骤一次，将紫砂壶风干并放入橱柜中保存。

[紫砂壶的保养]

紫砂壶需要养壶，经过养壶的紫砂壶冲泡的茶汤味道才更加醇正。紫砂壶经过高温烧制后分子结构会变松散，需要妥善保养，避免受到热胀冷缩的影响。如果不养壶，那么即使再好的紫砂壶也会失去光泽，变得晦暗无光。紫砂壶需要爱壶人用爱和心与它交流，让紫砂壶更加圆润美丽。

壶配茶，茶养壶，彼此交融各显神采

紫砂壶注入热水后形成暖湿的小环境，帮助茶叶充分舒展叶片，释放香味，保持茶汤的清澈透亮。被茶叶长期滋养后，紫砂壶内会形成茶山，即使注入清水，不放茶叶也能散发出清香。紫砂壶内壁有特殊的气孔，具备吸附作用，因此隔夜陈茶也不会馊掉。但要喝什么茶就用什么茶养壶，不能混用，否则各种茶的味道会搅和在一起，失去了各自原本的味道。

注重清洁，不留杂质，远离化学污染

首先，紫砂壶应该保持清洁，用后需用专用养壶笔和养壶巾清洁壶身，然后用软毛巾擦干水再放置。其次，应该谨记一壶一茶的原则，不混用茶叶，更不留存碳酸饮料、果汁或者汤菜，唾液有腐蚀性，不能用嘴直接对着紫砂壶喝茶。紫砂壶壶身不能接触油污和化学制品，也不能够用钢丝球等清洁用具洗刷壶身。为了保证香气，可以用茶叶放入纱布中做成茶包（泡什么茶就用什么茶做茶包），然后填充进紫砂壶中。

打磨外观，防霉防虫，定期进行护理

将江南老瓦磨制成粉末后放入纱布中（现在也有专用的磨粉出售），缓慢地打磨茶壶壶身，保持外观的整洁。懒人一族选用养壶机或者超声波清洁器也是不错的选择。如果紫砂壶长期不用，每月就要进行"净身"，用茶汤浇整个紫砂壶（喝什么茶就用什么茶熬制茶汤，茶汤可以浸泡整个壶身），用软毛巾擦尽水迹后存放。如果保养失败，就应该在专业人士指导下重新进行开壶。

定点存放，分类放置，合理使用

紫砂壶应该定点存放，存放地应该阴凉通风，隔绝灰尘和油烟，避免阳光直接照射，远离插座、地采暖设备和空调出风口。如果紫砂壶较多，就应定制专用的储物柜或展示柜。紫砂壶的保养用具应收纳在一起，与紫砂壶一起存放。如果家里存放有各种紫砂壶和茶叶，就应该按照一种茶配一把壶的方式进行分类，然后分组存放。紫砂壶要定期使用，但是不能"疲劳驾驶"，使用周期为"三天打鱼、两天晒网"。

心情愉悦，做好备份，保存视频资料

紫砂壶的玩家应该心境平和，心情愉快，定期将紫砂壶放在掌心抚握进行情感交流。紫砂壶是有生命的，主人的爱会滋养它们的生命。购买紫砂壶后，应该保留好购买的票据和使用说明，一旦出现问题能够迅速找到厂家，最好为茶壶拍照并保留好视频资料。如果与初学者或外行交流，就不要让初学者触碰实物（如果要触碰，那么要求他洗净双手并戴手套）。

瓷器茶具

　　瓷器是中国的国粹，在英语中，＂中国＂和＂瓷器＂是同一个单词。瓷器最早起源于商代中晚期，瓷器本身就是火与泥的代表。胎具，主要成分是磁石和高岭土的混合物——经过高温烧制成为茶具，可以冲泡各种茶叶，具体又分为白瓷茶具、青瓷茶具、黑瓷茶具和彩瓷茶具等不同的系列和品种。

　　瓷器茶具外形美观，使用方便，保存简单，敲打起来声音脆亮，备受人们喜爱。收集高级的瓷器茶具也是＂雅好＂，骚客文人之间彼此交流收集的心得体会，自有一番情趣。

[瓷器茶具的特点]

1.瓷器茶具可以冲泡各种茶叶,但是泡好的茶汤却不能久存,需要即泡即喝,泡好的茶汤要尽快喝完。

2.瓷茶杯,尤其是轻薄的白瓷茶杯,能够更好地衬托出茶汤的色泽,这是紫砂茶具,甚至玻璃茶具,都不能比拟的。

[如何选购瓷器茶具]

做预算,选择适合自己的品质和价位

黄金有价瓷器无价,瓷器的价格差异很大。一般的瓷碗或者瓷杯不过几元钱或者几十元钱,瓷器茶具套装从几十元钱到几千元钱不等,高仿的瓷器茶具套装依仿制的样式和难度而定,历史悠久、量身定做的瓷器茶具较贵。

看颜色,选择色泽清亮的款式,颜色看起来较为舒适

瓷器茶具的颜色很重要,原色的茶具要求颜色清亮,没有混杂,在放大镜下看没有污点。有颜色的瓷器茶具要求色彩靓丽但不扎眼,色彩之间配搭和谐。

选造型，挑选适合自己需要的瓷器茶具

瓷器茶具外形有很多种，自己使用的话，最好不选造型复杂的款式。造型复杂的款式不仅造价昂贵、不容易保存，而且有的图案（比如镂空或者浮雕）款式的缝隙里面容易藏污纳垢。茶具需要经常清洗，因此要选容易清洁的款式。

比大小，慎重购买过大或者过小的款式

瓷器茶具是用来泡茶的，瓷器茶具适合冲泡各种茶叶，但最好慎重选择款式。用过大的款式冲泡的茶叶，茶汤较多，容易造成浪费，而且手提茶壶会很累；过小的款式又不能让茶叶在壶内充分舒展，茶汤苦涩，选择的时候应有所考虑。

看图案，第一感觉很重要，选中就不要犹豫

瓷器茶具的图案很多，传统的青花图案产量很大，颜色素净，深得茶客们的喜爱。彩色套印的图案比较花哨，过于艳丽的色彩在制作的时候会加入金属离子调色，有的会反复烧制套印，工艺复杂，价钱昂贵，并且含有金属离子，有的款式还容易过时，最好不要选购。

是为了不留下残汤，"薄"是为了烫杯后香气能够自然溢出，"白"是为了更好地观察茶汤的色泽。茶壶的壶盖和壶口要能够紧密对上，没有缝隙。

听声音，声音清亮有余音者为佳

瓷器茶具被轻轻敲击后，声音清亮有余音，同时在耳边会有轻微的鸣叫声。如果声音残破或嘶哑，就说明瓷器本身有质量问题，茶具不够圆润或有裂缝。选择瓷器茶具时最好注入清水，要选择注水后敲打的声音依旧明亮的茶具。

[瓷器茶具的保养]

1. 瓷器茶具的茶壶盖比较容易损坏，最好用鱼线将茶壶盖系在茶壶柄上，倒水的时候，即使壶盖掉下来也不会摔坏。

2. 小心放置，预防碰坏。瓷器茶具不怕高温也不怕低温，放入冰箱不会破裂，微波加热也不会受损，长期置于空气中也不会被氧化，但是却很容易摔坏。因此，瓷器茶具应该放置于不容易损坏的地方，不要放在桌子的边缘或者过道处。

3. 若家中有多套瓷器茶具，则最好不要混用，保存的时候最好整套保存。

4. 如果茶汤积存在茶壶中过久，就会形成茶垢，需要用牙膏或者专用洗涤剂清洗，注意不能使用钢丝球等硬物进行清洗。

查质地，选择适合自己的质量

瓷器茶具的质量和价钱差异大，特别是高级瓷器茶具和普通瓷器茶具价格可以差几百上千倍。普通的瓷器质地均匀，看起来各个部分没有差别。高级的瓷器普遍比较轻巧，光线下通体透亮，有点像灯罩。茶杯以"小、浅、薄、白"为佳，"小"是便于"一杯打尽"，"浅"

玻璃茶具

　　玻璃在古代被称为琉璃或者流璃，是用含有石英的沙子加入矿物后烧制而成的。传统的玻璃是无色的，但是现代也有着色和套色工艺。玻璃是在高温下吹制成型的，因此可以制成各种形状。玻璃茶具本身有很多品种，如水晶玻璃、无色玻璃、玉色玻璃等。

　　据史料记载，我国的玻璃制造工艺起步较早，但是水平不高，产量也小，稍后西洋的玻璃制品不断地传入我国。现代玻璃工业兴起后，玻璃制品因为价钱低廉且外观美丽而大受欢迎，玻璃茶具的产量也越来越大。现在用玻璃茶具冲泡茶汤很常见，因为玻璃茶具不挑茶叶，既保留了茶汤的色泽，同时又能看见茶叶的舒展情况，所以用玻璃茶具冲泡茶汤程序相对简单。

[玻璃茶具的特点]

1.玻璃有很好的材料稳定性，冲泡时不影响茶叶的品质，同时因为玻璃材质具有透明性，所以能够看见茶叶的舒展程度。

2.优质的玻璃茶具能够放在明火上加热而不破裂，也可以从冰箱中取出后直接冲入沸水，非常方便。

[如何选购玻璃茶具]

做计划，确定选择的价格区间

玻璃茶具价格比较便宜，一般成套的不过几十元钱，但是着色、套色和纯度较高的，以及能够承受明火的玻璃茶具则很贵。

看材质是否纯净

在选购玻璃茶具的时候，首先一定不能选择外形不美观、表面粗糙的茶具。其次，最好放在阳光下细看，如果壶身各处的玻璃明暗程度不一，那么表示茶壶的厚度可能不一样，也不能选择。

最后一定要仔细检查玻璃的材质，不能选择有气泡、有裂缝、有白色粒状硅沙的茶具。

数数目，看看需要多少配套的茶杯

玻璃茶具的茶杯数量大约是两个或者四个，大容量的玻璃茶壶会配六个或者八个杯子。总的来说，配的茶杯越多，价钱也就越贵。比较小的茶壶配杯不超过四个，大容量的玻璃壶配的杯子较多，杯子也较大。

重直觉，强调第一眼印象

玻璃茶具造型丰富，有时候会让人挑花了眼。如何选择呢？其实最简单的方式就是相信自己的直觉，第一眼看中的，往往就是自己最喜欢的。原则上，如果以实用为主，最好就不挑选太花哨的款式。

比做工，看各个部分的密合性

玻璃茶具经过高温吹制而成，因此有的制品外观不够圆润，这样的密封性不好，应该被淘汰。挑选玻璃茶具的时候，应该注水后看密封性，满水的情况下水只能从壶口流出。此外，要注意壶柄的受力能力。

[玻璃茶具的保养]

经常对茶壶接口处的材料进行检查

大部分玻璃茶具的壶柄都不是一体的，而是圈挂的别的材料（如合金、铁皮、塑料等），这些材料在空气中很容易因氧化作用而老化，老化后受力时很容易破裂。因此，使用玻璃茶具注水前，要对茶具的安全性进行检查。

玻璃茶具应该轻拿轻放，不要敲打，避免跌落

玻璃茶具耐高温，不怕冻，还能放入微波炉，但是玻璃材料比较脆，不能跌落在硬地面上。使用玻璃茶具时，应该轻拿轻放，不要敲打，更不要摔碎。玻璃碎片很容易划伤手指，溅落的玻璃碎片飞入眼睛更加危险。因此，需要小心地使用玻璃茶具。

玻璃茶具使用后，应该及时清理

玻璃茶具使用后会积存一些茶垢，因此使用后应该及时清理。玻璃茶具清理方便，可直接用清水清洗，或者使用清洁剂。玻璃茶具清洁后，应该用软毛巾擦干水渍，或者倒置阴干。

玻璃茶具应该成套放置，切不可将茶壶盖单独放在一边

玻璃茶具应该成套放置，如果平时不使用，就应该将茶壶盖和茶壶放在一起。如果茶壶盖上有凹纹，那么最好使用鱼线将茶壶盖拴在壶把上，以免跌落破损。玻璃茶具应该成套放置，不可分别陈放，也不要单独使用玻璃茶具的茶杯，以免破损后无法配套。

漆器茶具

　　漆器茶具在现代产量并不大，但是历史悠久。在 7000 年前的浙江余姚河姆渡文化遗址中就出土了漆器茶具；在 4000 年前的浙江余杭良渚文化遗址中，也出土了用作水杯的漆器。殷商以后的一段时期，漆器曾经在小范围内流行过，但是一直没有形成规模生产，直到清代才有了一定数量的生产，但是至今，漆器茶具都只能算是"小众消费"。

　　漆器茶具主要在福建一带生产，高档的漆器茶具是收藏家的至爱。漆器茶具的款式简单，多为一壶四杯带托盘的设计，但是工艺复杂，花色繁多，做工精致，色泽亮丽，很受收藏家的喜爱。由于漆器茶具割胶而生，因此产量稀少。漆器茶具经过几次烧制而成，工艺复杂，对工艺美术师的要求也很高。

[漆器茶具的特点]

1. 漆器茶具最大的特点就是色彩艳丽，造型优美。同时，漆器茶具也具有耐腐蚀、耐低温的特点。

2. 漆器茶具的产量比较小，而且很多漆器茶具的图案都是手绘而成的，因此漆器茶具本身就具有投资的价值。相对而言，被大众接受的款式更容易转手出去，而做工更为考究，属于极少数高端用户喜欢的款式更容易卖高价。

[如何选购漆器茶具]

漆器茶具的造型简单，差别主要在色彩调制和花色上。一般来说，漆器茶具的壶、杯、托盘都是一种颜色，但是随着工艺的不同，颜色会略有差异。就同一种色彩而言，黑色为底色，因为原料调配的不同和温度的差异会烧制成不同的黑色，而且每一个批次的颜色都会有差异。

漆器茶具的原料主要采用割出的漆树树汁进行炼制，在加工的过程中还需要加入一些颜料（主要是含金属离子）。现代工艺发达后，加入的色料品种较多，因此颜色更多。漆器茶具最主要的装饰就是书画作品，文化气韵厚重，而且轻便安全，光彩照人。

看颜色

漆器茶具主要是黑色为主色，现代的漆器茶具颜色较多，但是最主要的成品还是黑色、褐红色、棕红色等艳丽的色彩，多为调制色。如果是想长期使用和保存，那么最好选择黑色（本色）的茶具。

选风格

漆器茶具的产品外形差异不大，但是风格各有不同，主要是按照地域来划分，如北京、福州和江西鄱阳等，各自的茶具制作工艺稍有不同，主要是从外观上进行区分。

辨装饰

漆器茶具的装饰就是各种书画作品，几乎没有浮雕、镂刻、镶嵌等。各种书法的流派和书画的绘制方式不同，构图上差异很大。色彩、图形各自不同，因此选择时要多看图案和书法，有的茶具上有印章，也可以作为选择的标准之一。

查出身

漆器茶具的产量比较小，很少有低端产品，价钱普遍较贵。每个正规厂家生产的漆器茶具都有自己的"名片"，上面有产品的编号、印章号，登录网站后可以直接进行查询。

定整体

对于漆器茶具，除了看重装饰精美以外，更加看中整体效果，壶、杯、盘的整体一致性。外观色泽匀称美丽，光亮，目测没有色素沉淀，同时底色和花色搭配协调。壶、杯、盘花色同属一个系列，彼此对应，外观感觉舒适，不扎眼。

比质量

漆器茶具的质量普遍较好，但是具体到每套漆器茶具，最好还是亲自测试其质量，主要是过水能力。另外，复杂制作的漆器茶具，如仿古、金丝玛瑙等茶具，正规产品使用都没出现过问题。漆器茶具的四个杯子需要手感重量一致。

[如何保养漆器茶具]

漆器茶具外观精美，不能用尖锐的物体来刻画

漆器茶具外观十分精美，经过了多次工艺，颜料是一层层地覆盖在泥坯上，其本身是耐高温和抗腐蚀的，但颜料层比较薄，如果被钥匙或者刀具之类比较尖锐的物品划伤，就会影响漆器外观。

漆器茶具抗腐蚀，但是不能将腐蚀性的液体倒入茶具中

漆器茶具本身是抗腐蚀的，但是不要用漆器茶具来饮用腐蚀性的液体，即各种醋（醋酸）、有色或无色（碳酸）饮料等，腐蚀性液体长期留在漆器茶具内，会通过气孔结构入侵整个内胎，最后损害其整体的受力结构。

漆器茶具不能拆开放置，需要成套保养

漆器茶具本身有一定的耐摔性，不容易被摔坏，但是漆器茶具比较容易遗失，特别是在取下壶盖或者将茶杯随意放置的时候。茶具的托盘需要经常清理，以免积满灰尘后显得陈旧。漆器茶具要成套存放，要保证茶具的四个茶杯的款式和重量都是一样的（如果重量不一样，就是用类似不同批次的茶杯拼凑而成的，属于残次品）。

竹木茶具

竹木茶具即用竹子和木头制作的饮茶器具，产量很小，一般都是两层，内层为陶瓷内胎，外层为竹器（多为慈竹）。竹器经过多道工艺后可以烤色或造型，极少有镶嵌等复杂工艺，但是平面上往往会有一些书画装饰。在竹子的原产地，当地人往往会直接劈开竹筒当作喝水和盛饭的器皿，这也是一种竹木茶具。

竹木茶具的使用历史很长，在隋唐时期就很盛行，但是属于价格低廉的粗茶具，多为底层劳动人民使用。陆羽在《茶经·四之器》中开列的 28 种茶具，多数用竹木制成。竹木茶具来源广阔，制作工艺简单，同时也比较轻便，易于整理清洁。缺点是外壳容易腐烂，因此无法长时间使用和保存。

[竹木茶具的特点]

最大的特点就是轻便，不易摔碎，有较高的观赏价值。

[如何选购竹木茶具]

看质量

竹木茶具因为大部分的工艺都需要手工制作，因此会存在着一些制作方面的问题，比如外层与内胎的密合性差，茶壶盖和茶壶身之间不能闭合，壶把凸出使整个茶壶手握费力等各种问题。因此，在选用竹木茶具时，质量和使用可靠性是第一位的。

看表层的干燥程度

竹木茶具的外层材料经过烘干后才能使用，因此，茶具外部需要比较干燥才行，而竹子在制作的时候如果经常下雨，湿度大，没有烤干就会发霉或者变形，竹木茶具就不能使用了，因此应该看竹木的干燥程度。一般来说，比较干燥的竹木茶具会轻一些。

看配件

竹木茶具的外观基本上差不多，杯子大小有些差异，绘画不同，另外就是编织的花纹有所不同。总的来说，购买竹木茶具应看配套的配件，如果配件不足，或连基本的托盘都没有，最好就不要购买。

看花纹

一般来说，竹木茶具的花色都比较简单，因为竹面凹凸不平，一般也不能绘制太复杂的花纹。但是竹木茶具也有绘制花纹的，特别是祈福或者祝寿的茶具。竹木茶具表面上可以绘制花纹，如果嵌套了彩色竹条的，会稍微贵一些。

看整体效果

竹木茶具的整体效果是可以比较的，比较小的竹木茶具相对精致一点，大的竹木茶具主要供茶馆饮茶用。也有

些观赏性强的竹木茶具，比如用竹藤在表面上编织出浮雕的山水造型等，产量极小，仅仅用于欣赏，同时也有人在竹藤表层镶嵌了宝石、金属片等装饰，均仅用于欣赏。

看功能

竹木茶具主要是实用，但也有极少量用作欣赏的竹木茶具，纯手工制作，售价很高。黄阳木罐和二簧竹片茶罐，是现代竹木茶具的精品，也是产量比较大的竹木茶具品种，主要是家庭使用和朋友间的馈赠。

[竹木茶具的保养]

1. 竹木茶具外壳怕水，水泡过后会变形，然后内胎就会从茶具中剥离出来，因此，使用后一定要擦干水，切不可将竹木茶具长时间浸泡在水中。

2. 竹木茶具属于有机物，沾染了油污后难以清洁，因此，最好在清洁的环境下使用。如果沾染了油污，就可以用毛巾蘸清洁剂擦拭。

3. 竹木茶具中的竹编茶具，有着由陶瓷或者玻璃制成的内胎，非常易碎，因此竹编茶具需要轻拿轻放，不能够被摔伤，如果不小心碰落，内胎破碎，就无法使用了。

4. 竹木茶具不能经受曝晒，因此需要远离高温，需要保存在阴凉之处，也不能在太阳下长期使用。

5. 竹木茶具属于可燃物，需要远离火源。

6. 竹木茶具可能会遭遇到各种虫害的袭击，因此应该做防虫处理，也不能放在容易被宠物咬抓的地方。

金属茶具

　　金属茶具的种类其实很多，不仅仅是指的黄金白银之类的贵重金属，其实也是指的铁、锡、铜等普通的金属。随着现代工业制造技术的发展，现代金属茶具包含了很多合金品种，历史上曾经很流行的青铜茶具，也属于金属茶具，金属茶具是中国最古老和悠久的茶具品种之一。

　　早在秦始皇统一中国前，金属器具就已经得到了广泛应用，之后金属茶具的造型和制作工艺有了长足的发展，特别是贵金属茶具更是引人注目。不过总的来说，因为金属茶具售价昂贵，常常收藏于宫廷中，所以寻常百姓很少使用，也很少去关注。20 世纪 80 年代中期，在陕西扶风法门寺出土的鎏金茶具就是其高超制作工艺的代表。

1. 金属茶具耐摔抗打，不容易破碎，也抗高温耐低温，具有很好的抗腐蚀性。

2. 部分金属茶具因为特殊的材料结构，会吸走茶味，因此会让人觉得茶汤走味，不适合泡茶。但是合金金属材料性能十分稳定，不存在走味的问题，因此受到广泛的欢迎。银质的金属茶具，因为传说有测试毒质的功能而格外受青睐。

[如何选购金属茶具]

铭牌

金属茶具，特别是贵金属茶具，都是有铭牌的，甚至打印铭牌直接镌刻在茶具上。贵金属茶具的制作工艺十分复杂，工艺精湛，同时也讲究货真价实，因此需要找正规的商家购买。

做工

金属茶具，特别是贵金属茶具，做工十分讲究、精美，镶嵌物也精雕细刻，有的镶嵌了玉石、宝石等装饰品，因此价格格外昂贵。金属茶具，特别是黄金茶具，是可以融化的，因此需要看做工。

年代

金属茶具的稳定性好，因此可以保存很长时间，有的茶具可以保存上千年。总的来说，年代越久的金属茶具越值钱。新近生产的金属茶具也不是不值钱，其鉴定程序相当复杂，因此还需要综合评估后才能确定。

配件

金属茶具具有复杂的镶嵌工艺，因此往往会做成精美的手工艺品。值得一提的是，有的配件，比如珍珠、玉器、金丝，可能比茶具本身还值钱，这些都需要经过鉴定。同时可以看到的是，大部分的现代金属茶具，即使配件复杂，价钱也都相对便宜很多。

制作工艺

批量生产的金属茶具一般都是数码设计的，外观规整，一般不会出现密合性问题。但金属茶具的制作工艺是需要成本的，因此制作复杂的金属茶具，价格会高一些。同样的金属茶具同属一个系列，较大的茶具套装会比较小的茶具套装便宜一些。

重量

金属茶具的重量也是选择的重要指标之一，鉴定是不是贵金属，主要依靠重量来确定，而且比同类轻的金属茶具，因为加入了稀有的金属原料，也很值钱。相对而言，普通的金属茶具价格会便宜一些，但是缺少收藏价值。如果重量不一致，可能不是一个厂家的产品，很可能是仓库里面临时拼凑的〝次品〞。

[金属茶具的保养]

1. 因为贵金属有一定的辐射作用，最好不要放在枕头边或者床边。贵金属茶具比如银质茶具，因为加入了合金银制品，很容易被氧化，需要保存一段时间后取出，用牙膏进行清洗，并用绒布擦干，保存在阴凉的地方，避免阳光直射。

2. 金属茶具比较重，价钱昂贵，而且不能直接在火上加热，也不能放入微波炉，同时部分茶叶也不宜以金属茶具冲泡。

3. 现代批量生产的金属茶具可以随时洗涤，而且不需要专门的护理，但是贵金属茶具或者年代久远的金属茶具需要精心且专业的护理。

茶具的清洗

清点茶具，按照配套逐一清点

茶具使用后，应该将各种茶具收纳到一处，按照数目逐一清点。茶具中的茶壶一般只有一个，茶杯应该为四个或者六个，另外会有闻香杯等茶具，还有一些比较小的工具，都需要进行清点。套装茶具的茶杯的数量一般为双数，其余的都为单数。

倒出废水废渣，将杂物置于垃圾桶内

将茶壶盖放于壶承之上，倒出剩余茶汤。茶壶里的水，全部沥出后，用茶针将茶壶内的茶渣全部拨出，需要特别注意茶壶嘴处的茶渣。等茶渣全部出来后，注入清水，从茶壶嘴处倒出，确保水为一条线，同时茶壶嘴处没有茶叶残渣。

清洗茶壶和茶杯，然后再清洗配套茶具

倒入清洁剂清洗茶壶，茶壶应该使用软毛巾或者是专业的洗涤工具进行清洗，部分茶具如紫砂壶，不能使用钢丝球之类的清洁用具。茶壶应该揭开盖子进行洗涤，茶壶盖、茶杯等都需要清洗。

处理水分，置入干茶包

清洗干净后，应该置放于储物架上沥干水分，也可以使用茶巾擦去水分。紫砂茶具可以用吹风机吹干。吹干后，应该在茶具中放入干茶包留香，冲泡什么茶叶，紫砂壶内就填入什么茶叶的干茶包。

放入存储容器中进行保存

茶具清理干净后，应该放入专用存贮处存放。放置茶具之处应该干燥阴凉，避免阳光直射，同时茶具应该编号并贴上标签。几套茶具应该分类存放，不能混用。

水 与 火

泡茶之水

　　水是生命之源。水用来泡茶，自古以来就有"水为茶母"的讲究，《梅花草堂笔谈》认为"茶性必发于水"，即再好的茶如果没有合适的水来冲泡，就不能充分展示茶叶的滋味。不仅茶味需要用水来衬托，茶汤的色泽也需要水来诠释。

　　据说泡茶最好的水，是钟乳石下的滴水沉积后的乳泉水。这样的水不仅清亮，而且分子团小，茶叶的滋味可以充分得以释放。这在《茶经》中得到了印证："其水，用山水上，江水中，井水下。其山水，拣乳泉、石池慢流者上……"

泡茶用水的分类

山泉水

山泉水即我们平时所说的泉水，这样的水经过了底层的积淀，水质清亮透明，没有杂质，含有天然的矿物质，而且水质绵软。山泉水一般都从地下流出，因此温度较低，矿化度高，相对而言比较纯净。

不过，并不是所有的山泉水都适合泡茶的，比如含有硫黄的山泉水，就不适合冲泡茶叶；水中含有有害金属的（被称为重水，也不适合泡茶）；水中有一些沉淀物的山泉，也不适合泡茶。

江、河、湖水

江、河、湖水同属于地表水，这些水含杂质多，不适合直接冲泡茶叶。靠近城市的江、河、湖水总体比较混浊，不适合饮用；但是在远离人烟的地方，有的河段上游植被茂盛，水质清新，没有污染，比较适合冲泡茶叶。

江、河、湖水需净化后才可以冲泡茶叶。比如对河段的水质进行粗选，含有过量泥沙或者杂质的水源不能饮用，一定要选择水质清澈洁净的。其次是将江、河、湖水进行沉淀，过滤掉泥沙和浮游杂质，最后是加入明矾对杂质进行再次沉淀，然后煮开，才能冲泡茶叶。

雨雪水

古称"甘泉水"。古代气候良好，雨水和雪水都是泡茶的好材料，但是现在城市污染严重，有的地方有酸雨，有的地方雨水还含有有害成分，均不能饮用。雪水也含有大量的污染物，除非是在环境良好、远离人群的地方，否则雨雪水是不能饮用的，更不能用来泡茶。

井水

是人工挖掘出来的地下水源，属于浅表地下水，悬浮物比较少，水质的透明度较高，有的井水还含有一定的矿物质。但是井水的质量受到了水源地土质的影响，也随着当地的降雨情况发生变化。盐碱地表上即使挖掘深水井取水，取出来的水味道苦咸，还是不能饮用，更不能用来泡茶；水源地有重金属污染、干旱地点或者地质活动比较剧烈的地方，其井水中硫黄的含量比较高，也不适合泡茶。

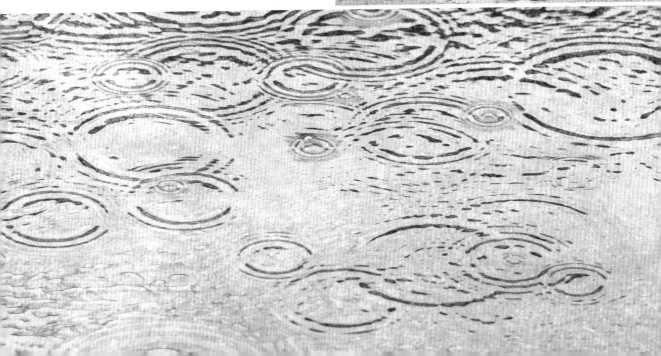

自来水

　　自来水是最容易获得的水源，通常由江、河、湖水处理净化而成。但是总的来说，因为自来水经过了净化过程，含有大量的氯气，所以也不能用于泡茶。如果要使用自来水泡茶，就需要进行处理。

　　将采集到的自来水静置 24 小时，等氯气散去，再加入泡腾片进行二次消毒，待烧开后再泡茶

净水器水

　　家用的净水器可以进一步清除水中的杂质，因此用净水器水来冲泡茶叶比自来水的效果好一点。但是很多净水器仅仅吸附了水中的浮游物质，并不能彻底改善水质。个别药店出售净水的药丸，但是使用后需沉淀使用，而且每次作用的水量有限，不能大量使用。

海水

　　海水又咸又苦，不适合泡茶，甚至连直接饮用都会有性命之虞。但是现在有人将海水淡化后进行多次加工，然后达到了饮用标准，这是可以用来泡茶的，但是此时的水其实已经不是海水本身，海水不过是用来加工的原材料而已。

纯净水

　　桶装的纯净水通常水质较好，而且含有一定的矿物质。但是纯净水不一定适合所有的茶叶。比如有的纯净水味道比较酸，不太合适冲泡味道清淡的茶叶，也不太适合冲泡一些含特殊金属粒子的茶叶。

水的硬度

　　水分为软水和硬水，前者不含或者含有较少的可溶性钙和镁化合物，水质清亮，一般存在于天然无污染的湖泊和江湖中。软水因为水分子团小，能够有效地渗入茶叶中，带出茶叶内的物质。因此用软水冲泡茶叶后，汤色分明，而且茶汤颜色美丽鲜亮，茶味甘甜。

　　我们生活中大部分的水都属于硬水，这些水都含有一些可溶性钙、镁化合物。硬水煮沸后，可以变成软水，但是除了水质变软，水的品质没有发生重大的变化。一般来说，除了符合国家标准的自来水以外，其他江、河、湖水即使经过煮沸，也不能完全清除杂质，这些水如果直接饮用，就会对人体造成伤害，同时会溶解骨骼中的钙，造成骨质疏松等病症，因此，最好是先加入泡腾片二次净化，或者在家用净水机内（注意及时清理杂质）进行消毒处理后再用于泡茶。

水的酸碱度

水有酸碱度，正常的饮用水 pH 值标准为 6.5—8.5。如果使用 pH 值 < 6.5 的酸性水，冲泡茶叶后茶汤的口感就会比较苦涩，也降低了茶叶的香气，茶汤的颜色也会较深，对于冲泡后色彩本来比较艳丽的茶汤影响较大。

碱度较高，pH 值 ≥ 9.5 的水，有的品种（如绿茶）冲泡后茶汤颜色会变浓，有的品种（如红茶）茶汤的颜色会变淡，有的品种（如白茶）颜色会发灰。

一般来说，pH 值 7.4—8.5 的弱碱性水，冲泡的茶汤口感较好，茶性能得到很好的发挥，汤色也很好看。

泡茶水温

不同的茶叶对水温的要求是不一样的，有的茶叶需要在高温下急水冲泡，有的茶叶需要在较高温度下慢速冲泡（温度过高，茶叶内的有机成分会分解），还有部分茶叶需要冲泡后在火上二次加温，便于茶叶充分舒展，以将有效成分释放到茶汤中。泡茶水温的控制，主要和茶的品种有关。

值得注意的是，不可混用水温泡茶。冲泡用水一定是直接烧制成的温度，切不可在高温水中加入冷水（阴阳水），否则，会大大地减损茶叶的香味，甚至会有一种怪味。

低温（70～80℃）
用于冲泡龙井、碧螺春等需要在嫩芽时节采集的茶叶，比较高级的茶叶也最好使用较低温度的水进行冲泡。

中温（80～90℃）
用于冲泡白毫乌龙等嫩采的乌龙茶，瓜片等采开面叶的绿茶，以及虽带嫩芽但重萎雕的白茶（如白毫银针）与红茶（金骏眉、银骏眉）。年份较短的普洱茶，最好也使用中温水进行冲泡。另外，和水果一起冲泡的茶叶，为了能够保证水果的维生素不在高温下损失，也最好采用中温水进行冲泡，花草茶也一样。

高温（90 ~ 100℃）

　　主要用于冲泡乌龙茶，如大红袍、包种、冻顶、铁观音、水仙、武夷岩茶等，以及后发酵的普洱茶。有的茶叶较硬，比如沱茶，也最好使用较高温度的水冲泡。此外，如果觉得普洱茶和沱茶不够味，就可以再次加热，用火炉来煮着饮用。

低温（70~80℃）

碧螺春　龙井　霍山黄芽

中温（80~90℃）

白毫银针　六安瓜片　红茶

高温（90~100℃）

铁观音　冻顶乌龙　普洱

影响水温的原因

是否温壶

将开水倒入茶壶中时,如果茶壶没有提前温壶,那么水温就会迅速降低,影响注入的开水的温度,也影响茶叶冲泡的质量和口味。因此,对于对水温要求高的茶叶,一定要提前温壶。

温壶手法如下:

手持茶壶后开盖,标准姿势为左手大拇指、食指与中指按壶盖的壶钮上,轻轻地揭开茶壶盖,将它放置在盖置之上。

右手执壶,逆时针方向将水流冲入茶壶中,注入容积的一半处停止冲水,然后加盖。之后需将茶巾放于左手中,右手三个指头握住壶把,将壶放于左手茶巾上,按照逆时针方向转动手腕,使壶内壁充分接触到沸水,然后将水倒入水盂中。

是否温润泡

对于冲泡茶叶而言,第一壶茶汤为温润泡,3秒钟之内将茶汤倒出,再次加入热水,这才是正式的冲泡。已经被加热的茶叶被第二次注水冲泡,茶叶的香气和滋味能够更好地释放在茶汤中。

温润泡的作用是让茶叶在水的作用下更加舒展叶片,便于发挥出茶叶的色香味,特别是用来泡外观为球状的茶叶,可以增加茶叶与水的接触面积,溶解出更多的有效成分,使得茶汤更加醇厚。对于需要高温冲泡的茶,比如铁观音或者普洱茶,效果特别好。

也有说法认为,温润泡的作用在于清洗茶叶,注入水后水面会浮起一层泡沫状的物质,相当于给茶叶做了一次热身运动。茶叶本身含有皂素,同时茶叶表面的霜状咖啡因也会产生物理变化,茶汤的味道会更加香甜。

温壶步骤

茶叶是否冷藏

茶叶冷藏后，取出时温度较低，冲泡时需要相应提高水温。建议最好是在室温下放置一段时间，待茶叶恢复至常温后再冲泡。

加热方式

认识水温

不同的温度的水冲泡茶叶是不一样的。加热水时，当第一缕气出来的时候，水温大约在85℃；第二缕气出来的时候，水温约90℃；第三缕气出来的时候，水温为92～95℃；当气体在水壶中旋转的时候，水温约97℃；当水汽直接冲出、水声如雷的时候，水温为99℃。

当水在炉火上烧制的时候，有蟹眼大小的气泡冒出来，称为"一沸水"，水温为80℃；有鱼眼大小的气泡冒出来，称为"二沸水"，水温约90℃；当四周如泉水翻滚的时候，水温约95℃；当水响声如雷的时候，水面波涛汹涌，水温为97～99℃，称为"三沸水"。

茶 艺

茶艺即一门茶道艺术，也是一种传统文化。中国茶的茶艺具有深厚的历史渊源。早在唐代，风雅的唐人就喜欢一边赋诗一边饮茶，茶道也逐渐变成了高雅的享受。到了宋代，茶道艺术逐渐形成，明清时茶道艺术已经发展健全，并扩展到了文学、艺术的领域，成为一种独特的文化。

茶艺包含品茶环境选择、茶具的艺术、茶叶的品评、择水、烹茶技艺等一系列的内容，强调形式和精神的统一，不仅渲染了清纯、优雅、质朴的茶性，而且凸显出茶人清雅、稳重、富有内涵的气质。

基础进阶：了解泡茶的各种常识

家里应该购买什么茶叶？

家庭购买什么茶叶，应该由家人的饮茶习惯和经济能力来决定。如果家人有固定的饮茶习惯，就应该按照个人口味来选择购买。如果家人很少喝茶，就应该购买大众喜爱的茶叶，比如绿茶或者红茶等，培养饮茶的习惯。如果家人喜爱饮用水果茶，就可以购买一些现成的水果茶包或者自己亲手制作水果茶；如果家人喜爱高档茶叶，那么最好定时定量选购少量茶叶。

另外，还需要为家里来的客人准备茶叶。待客的茶叶最好选择适合大众口味的绿茶或者红茶，能够用简易泡法一次性冲泡成功，一般不需要准备太贵的茶叶。如果要邀请客人来家品尝工夫茶或者高档茶叶，就需要按照客人的口味来准备茶叶。

茶叶可以冲泡几次？

不同的茶叶可冲泡的次数不同，没有固定的标准。但是一般来说，散装茶第一次冲泡可以析出超过 70% 的有效物质，第二次可以析出超过 90% 的有效物质，第三次冲泡可以析出超过 95% 的有效物质。此后的茶汤已经寡淡无味，可以丢弃，继续泡下去也没有茶味了。

高档的比较嫩的芽茶，比如西湖龙井或者碧螺春，冲泡两次就可以了；普通的绿茶、红茶和花茶，冲泡次数为三次；乌龙茶等耐高温的茶叶，可以冲泡六次到七次。部分茶客喜欢将茶叶一次性冲泡，也有的喜欢多次冲泡直到喝不出一点茶味，按照自己的喜爱来冲泡也有一定的道理。如果使用袋泡茶进行冲泡，一次冲泡就可以析出主要物质。

如何控制茶汤浓度？

茶叶开始冲泡后，茶汤会越来越浓，因此喝到后面会觉得又苦又涩，难以下咽。为了能够让茶汤的味道可口，最常用的方法就是将茶汤和茶渣分离，比如将泡好的茶汤倒入公道杯中。

如果没有公道杯，还有两种方法可以控制茶汤的浓度。第一种是"平均倒茶法"，比如一共有三只茶杯，可依次倒入1/3、2/3，最后一杯倒满，然后再往回倒，依次倒满，这样每一杯茶浓度都相同。第二种是"浓缩茶法"，即将容器中的茶浸泡至双倍浓度（双倍投茶或者减半放水），然后将茶汤和茶渣分离后，将茶汤降至常温，可以将装入茶汤的容器浸入水中冷却。饮用的时候，再放入一半的茶汤和一半的水，混合冲调成口感适合的茶汤。

煮茶好还是泡茶好？

对于大部分的茶叶而言，直接用开水冲泡即可，有些茶叶甚至都不需要用沸水冲泡。

但某些黑茶，比如茯茶等砖茶、饼茶，往往需要用到煮茶。因为这类茶叶结构紧实，单纯用沸水冲泡，并不能很好地释放茶叶的香味，所以需要烹煮。

如果居住在海拔较高的地区，比如西藏等地，那么一般也是采用煮茶的方式。因为在高海拔地区，水的沸点较低，往往在80～90℃就沸腾了，所以需要煮茶。

茶叶分量控制

茶叶的叶片有大有小，相对而言，大叶片的茶需要投放较多，叶子大，占的空间也大，放少了茶汤的浓度不够；小叶片的茶需要投放得比较少，茶叶只需要将茶壶底部覆盖住就可以，放入太多了反而会味道苦涩，影响口感。如果喜爱饮用浓茶，就可以适当增加一点茶叶的分量。

如果是冲泡碧螺春等比较细小的茶叶，投放茶壶 1/6 的容量就足够；如果是冲泡六安瓜片或者大叶黄茶等茶叶，就需要投放茶壶容量的 1/3；乌龙茶需要投放 1/4 的容量，较浓可以投放 1/3 的容量；红茶和黑茶投放 1/4 的容量；白茶需要投放 1/3 的容量；个别泡茶技法，比如潮州工夫茶泡法，需要投放茶壶容量 1/2 ~ 2/3 的茶量。

在泡之前，茶叶需要清洗吗？

原则上，茶叶不需要清洗，但是现代社会空气污染比较严重。茶叶在生长过程会有一些灰尘，经过初步加工后依旧会有一些灰尘和农药残留。相对而言，价钱比较便宜的茶叶、散装的茶叶、拆开包装很久的茶叶、存放时间比较长的茶叶等，都最好在冲泡前清洗一次。清洗茶叶不应该用凉水泡洗或者冲洗，而是将茶叶放入茶壶或者玻璃杯中，注入沸水微微晃动茶壶或茶杯，等茶叶过水后立刻倒掉，表面的农药残留或者灰尘会溶解在水中，再冲泡出的茶汤会变得更加安全美味，这就是我们平时所说的温润泡。洗茶的时间最好不超过三秒钟。

高档茶叶在种植和采集的过程都有严格的流程和炒制标准，出厂前也经过了几次消毒处理，不需要额外清洗就可以直接冲泡。对于比较娇嫩的芽状茶叶如绿茶，切不可长时间地洗茶。

到底是功夫茶，还是工夫茶？

功夫茶是一种泡茶的技法，因为冲泡茶叶的过程十分讲究和繁琐，很费时间和精力，所以就叫做功夫茶。功夫茶其实可以冲泡多种茶叶，最经典的是泡乌龙茶。功夫茶具的生产和销售早已形成了产业链，功夫茶的学习班也传授各种泡茶的技艺。

工夫茶特指的是红茶的品种，即坦洋工夫、政和工夫、白琳工夫等。这些茶叶因为制作精良、品质优异而被称为工夫茶，主要是生产在福建地区。

不同种类的茶叶可以混搭饮用？

俗话说："一把钥匙开一把锁。"茶叶也有自己的独到的茶性，有的茶温和，有的茶猛烈，有的茶寒冷，有的茶暖胃……它们之间的药理也不一样，不同茶性的茶叶切不可混合冲泡在一起。

有人喜欢一天饮用几种茶叶，比如早晨饮用绿茶，晚上饮用红茶，这并不会对身体造成不良影响。此外，长时间饮用一种茶叶，最好是选择和自己的体质比较适合的品种。

茶叶越老越值钱？

原则上，茶叶是有保质期的，过了保质期，茶叶就不能饮用了。茶叶的保质期一般为 12—24 个月，保质期在茶叶的包装上会有标注。散装的茶叶，因为受到手上的汗液、强光、湿度等影响，保质期就更加短，所以购买茶叶的时候，要选当年的茶叶。

部分品种的茶叶，比如武夷岩茶、湖南黑茶、湖北的茯砖茶、广西的六堡茶等，只要存放得当，次年的茶叶反而更加醇厚，陈茶香气扑鼻。普洱茶甚至可以保存 10—20 年，具有一定的投资价值。

老茶叶需要更加精心的保存。如果存放不当，就会导致老茶叶霉变、湿度重、有异味、香气减淡等。变质的老茶叶，不仅不能升值，反而变得"一钱不值"。

保温杯可以泡茶吗？

原则上，各种杯子都可以泡茶，但是以紫砂壶、瓷壶和玻璃杯为最好。为了携带方便，有的茶客喜欢用保温杯来冲泡茶叶，其实这很不妥当。

用保温杯泡茶，水的温度过高，会让大部分的茶叶香气损失，颜色发黑，而且也让茶汤变得苦涩，甚至难以入口，因此原则上不能用保温杯来冲泡茶叶。保温杯有很多种内胆，如金属内胆、塑料内胆、玻璃内胆等，有的内胆，比如塑料内胆，在高温冲泡时，茶汤中还有一种塑料或者橡胶味，完全无法饮用。

不过，部分需要高温冲泡的茶种，比如黑茶，可以用保温杯冲泡。保温杯内的小环境保留了较高的温度，能够更好地释放出茶叶的茶味，同时也能够保持茶汤色彩的美丽和醇厚的香气。能够用保温杯冲泡的茶叶品种很有限，而且即使用保温杯冲泡，也最好选择紫砂内胆的保温杯。

被污染后的茶叶不能喝？

茶树在生长过程中，茶园土壤所含的一些重金属离子、没有分解的农药残留等物质都会使茶叶受到不同程度的影响。但在加工过程中，高温和紫外线能够很好地杀灭细菌，所以几乎不存在被污染的问题。即使茶叶中还含有金属成分和灰尘，只要符合卫生标准也可以饮用。

如何选择家用茶具？

家庭茶具应该按照家庭的使用习惯、爱好和自己的经济能力来选择。一般情况下，家庭饮茶选购玻璃茶具或者陶瓷茶具比较好，造型美观，价钱适中，能够冲泡各种茶叶，也便于清洗和保存。如果家人很喜欢喝茶，就可以加购一套紫砂茶具。如果需要在家待客，就需要选购一套工夫茶具。

　　如果家庭饮茶的人比较多，就可以选择一壶四杯或者六杯的较大配套茶具；如果是情侣或者小家庭用，就选用一壶两杯的成套茶具。根据不同的用途和不同的使用场合，应该选择不同的茶具备用，同时也应该选择几种茶叶来轮流品尝。

饼茶或者砖茶即喝即切，味道会更好？

　　饼茶或者砖茶为了便于保存，平时是压缩成块的，这样能够比较好地保留茶叶本身的香气，而且也不易受潮。但是砖茶比较重，不方便携带，为了能够两全其美，最好是提前用茶刀将茶砖先切开一部分，剩下的继续用油纸包裹起来，而切碎的茶叶放入茶罐中随身携带。

　　饼茶或者茶砖的味道好坏，和茶叶本身的品质还有存储能力有很大的关系，和茶叶切大切小并没有什么关系。切割后的茶叶需要放入罐子中保存好。如果切的时候不小心沾了水，就要吹干或者烤干后才能入罐保存。

过夜茶能不能饮用？

　　一般来说，茶汤都需要即冲即饮，饮茶完毕后需要马上清理茶具，茶汤不能在茶具中长时间放置，更不能过夜。常温下，茶汤四个小时后就会有不同程度的变质，腐败物会滋生，茶汤会有轻微的异味，饮用后会危害健康。将茶渣清理出来，将茶汤单独放置在容器之内，放入冰箱中，次日也是可以饮用的。如果将茶汤做成茶冰块，就可以保存更长的时间。

　　不过，如果茶汤储存在紫砂壶中，就不容易变质了。紫砂壶有特殊的气孔结构，能使茶水保持新鲜，不会馊掉。

茶叶的浸泡时间

　　茶叶浸泡的时间长短和冲泡出来的茶汤是否甜美，有很大关系。茶汤的冲泡时间过长，茶叶中的芳香物质和茶多酚会在高温下氧化，茶汤的味道就会大打折扣；茶叶中的维生素和氨基酸等有效成分也会在高温下分解，因此茶叶不能过长时间冲泡，不然就会"过犹不及"，到了一定时间就需要饮用。

　　红茶或者绿茶的颗粒都比较小，因此冲泡 3 ～ 4 分钟时间足够溶解茶叶中的有效成分，红碎茶等茶叶经过揉切，2 ～ 3 分钟就可以释放得很干净。乌龙茶和花茶浸泡 2 ～ 3 分钟即可，浸泡的时候需加盖。白茶加工时未经揉捻，茶汁难以浸出，一般需要浸泡 8 ～ 9 分钟。而紧压茶一般采用煎煮的方式，时间不超过 5 分钟。

中级进阶：自己动手泡茶

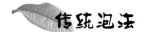 ## 传统泡法

传统泡法是一种相对简单却并不简陋的泡法技法，泡法很自由、大众化，适合茶艺的初学者。

[茶具准备]

圆形茶盘、茶壶、茶杯、公道杯、茶荷、茶道六君子、水盂、茶巾、过滤网、茶罐、炉具。

[茶具选择]

成套紫砂茶具、成套白瓷或青瓷茶具。

选择安静的环境，茶室应该安静并且可以保证比较封闭的环境。灯光柔和，不能过于明亮或者昏暗，光线应该为暖色光源，以暖黄色为最佳。座位宽敞，茶客就座后不觉得压抑，能够舒适地坐在板凳上或者地板上。

茶具放置

选择茶台，将茶具分类在茶台上排列。左列为茶杯，后置茶罐；中列为茶壶和水盂，茶盘内放置茶巾，茶匙和茶荷分别陈列在茶巾之上，置于茶盘中；后列也是茶杯，同时还需要放好公道杯、茶道六君子和炉具。

宾客入座后会寒暄几句，在指定位置就座。然后主泡者应该首先揭开茶巾，折叠后铺在桌面上。水盂、茶匙、茶荷、茶罐等物品在桌面上单独放好，不要慌乱。开始烧水。

泡茶之水

选择泉水或者矿泉水为最佳。将水倒入已经清洁的水壶中，然后放在炉上（室内最好使用电炉或者酒精炉，炭炉需要在通风条件良好的地方使用）。如果一次烧的开水过多，就可以另外取一个水壶分装部分开水，然后将余下的水保留在炉具上的水壶中。水温应该保持在规定的温度，如果不能通过看水的形态来识别水温，就最好使用泡茶炉。

烫杯暖壶

将茶壶置放于茶盘中，左手揭盖，右手注水，至茶壶容量全满。左手盖好盖子继续浇水，让开水淋透壶身，然后将茶壶中的水倒入水盂中。之后将茶壶的水倒入茶杯中烫杯，再倒入茶盘之中。

放置茶叶

取出茶道六君子中的茶匙，将茶罐中的茶叶拨弄入茶荷中，让每个茶客过目后，再用茶匙将茶叶拨进茶壶中。

冲泡茶汤

将开水缓缓地注入茶壶中，一直到水面的泡沫从壶口溢出为止，然后盖上盖子静静地置放茶汤，至能够饮用。

倒茶请客

倒茶时，将茶壶提在手中，然后将茶壶沿着茶盘转圈（逆时针方向），主要是用于刮去茶壶底部的水滴，因为茶壶刚从茶盘中提出来的时候热气腾腾，就好像关公大人威风凛凛地巡逻守城，所以也叫作"关公巡城"。用茶壶轮流给几个茶杯倒水，即将倒完的时候再将茶壶中剩余的茶汤分入几个茶杯中，这也是我们俗称的"韩信点兵"。

也可以将冲泡好的茶汤倒入公道杯中，将公道杯中的滤网取出后，将茶汤分别倒入每个茶杯中，注意只能倒七分满，不能倒入过满。之后可以自行取用，也可以安排专人奉茶。

清洗茶具

饮茶结束后，可以将茶渣用渣匙从茶壶中取出，然后放置在渣桶里面。客人全部离去后才能洗杯洗壶，收拾好茶具和茶叶备用。客人在的时候，应该多和客人聊天，不能将杯子拿在手上转或者敲击杯身，以免客人怀疑。一套茶具一次只能冲泡一种茶叶。

[注意事项]

1. 茶汤分好后，主泡者可以将茶杯分给饮者，也可以由饮者自行取用，但是取用的时候应该按照顺序来，不能换位置。

2. 在烫茶杯和茶壶的时候，一定不要将方向弄反了。揭开茶壶盖子和注水的时候，需要两只手分别动作，新手往往不能协调操作，需要多加练习。

3. 此时，喝茶不是用来解渴的，需要慢慢品尝茶汤的香味，如果口渴就需要提前喝水。茶汤需要小口入口，然后在口中停留，不能立刻咽下，也不能在吞咽的时候发出响声。

4. 茶杯最好用右手来端，否则，显得不够庄重，也显得喝茶者漫不经心。

5. 喝茶添杯的时候，应该注意不要频繁添杯，原则上每个饮茶者饮用的茶汤分量应一致。

安溪泡法

安溪县位于福建省南安县西部，自古就产茶，也形成了独特的茶叶冲泡工艺。安溪泡法比较看重茶汤的香味、甘甜度和纯度，茶汤以九泡为限，三泡为一阶段，共分为三个阶段，每个阶段的目标不一样。第一阶段重香，第二阶段品甜，第三阶段看色，这也从流传的民谣"一二三香气高，四五六甘渐增，七八九品茶纯"得到了印证。

安溪泡茶讲究茶叶的香味，因此特别讲究使用闻香杯。茶客应该选择安静的饮茶环境，封闭且不被打扰，可采取坐式或跪坐式饮茶，房间感觉舒适不压抑。此外，安溪泡茶讲究养心，因此喝茶时应该保持心态平静，彬彬有礼，不高声喧哗，没有过激情绪。泡茶过程中不允许说话，需要平心静气，保持虔诚。

[茶具准备]

　　茶盘（双层）、茶罐、茶壶、茶巾、茶杯、炉具、白纸、闻香杯。茶巾要选择相对较大的尺寸，便于将整个茶壶都包住。

[茶具选择]

　　成套紫砂茶具、成套白瓷茶具或青瓷茶具。

烫杯暖壶

　　将茶壶置放于茶盘中，左手揭盖，右手注水，水需要装满茶壶并从边缘溢出。左手盖好盖子后，微微淋一下壶身，将茶壶中的水倒入茶杯和闻香杯，然后将洗干净的杯子放于茶巾之上。

置茶

从茶罐中取适量茶叶，倒在白纸上。即使倒多了，也不要用手抓拿茶叶放回茶罐中，因为手上的灰尘和汗渍会污染茶叶。而是将白纸从中对折，将多余的茶叶倒回茶罐。

烘茶

接下来就可以烘茶了，将白纸上的茶叶倒入茶壶中，盖上壶盖，然后在茶壶表面浇淋沸水。为了防止水珠从壶盖的小孔或者壶盖与壶口的接缝处进入茶壶内，需要先用手指蘸水，将小孔和接缝处抹湿。淋壶可以使茶壶内部迅速升温，蒸出茶香。淋壶可以每几秒钟间隔一下，当能从壶嘴处闻到茶香时，烘茶就完成了。

冲泡茶汤

将开水缓缓地注入茶壶中，盖上壶盖。15秒钟后，将茶汤倒入茶杯和闻香杯中，前两泡只倒入闻香杯的三分之一，第三泡则倒满，而茶杯则是无论第几泡，都只倒入七分即可。请客人闻过香气后，就可品饮茶汤了。

每泡之间，需要用茶巾包住茶壶用力抖动三次，使壶内茶叶分散，温度均匀。

[注意事项]

1. 安溪泡法使用比较少，多在高级茶客和社交场合中使用，熟悉的朋友间极少使用。

2. 安溪泡法冲泡后一定要放入闻香杯，让每位茶客都亲自体验后，才能进行下一个程序。安溪

泡法冲泡的茶汤颜色不是第一位的，但是十分讲究茶汤的香气。

3. 安溪泡法讲究的是气定神闲，因此在冲泡茶汤的时候不允许讲话，由主泡者将茶汤冲泡好后分入饮茶者手中，也可以让饮茶者自行取用茶汤。觉得身体不适或者不愿意饮茶的人，离去的时候也不能讲话。

诏安泡法

　　诏安泡法适用于冲泡老茶、粗茶，可以将零碎的次等级茶冲泡出好茶的味道。在冲泡茶叶的过程中，会十分强调茶形的整理方式，需要茶巾，同时在茶巾上的操作比较复杂和精细，对茶叶的初选细致周全。

茶盘、茶壶、蛋壳杯、茶荷、水盂、纸茶巾、茶罐、炉具。

[茶具选择]

成套白瓷茶具，茶杯需使用蛋壳杯。

整理茶形

在冲泡之前，需要整理茶形。将纸茶巾平铺好并保持干净，将茶叶置放于茶巾上并进行茶形初选，折合轻抖，将老茶的粗细分开。整理完茶形，将茶叶置放于茶荷中，供客人观察鉴赏。

烫壶

烫壶的时候，将壶盖斜放在壶口，连茶壶带壶盖一起烫。等到水汽干燥后，将茶叶倒入茶壶中，注意为了不让茶叶的碎末堵住壶嘴的流口，需要将细碎的茶叶放在底部，然后在上面铺上粗茶。

之后，将水冲入茶壶中，直至水微微溢出壶口，满过的水可以自然地将茶汤上的泡沫和浮渣冲溢出来，保证茶汤的清洁美丽。

在茶汤冲泡的过程中才开始洗杯，洗杯的时候应该将茶杯放在茶盘的中央，注水仅入三分之一。洗杯是杯上洗杯的动作，比如将中指拖杯底部然后用拇指拨动洗杯，动作需要利落自如，不能停顿，更不能将杯子摔破。

请客倒茶

洗杯后可以倒茶，倒茶动作需要缓慢稳定，以巡城式倒法倒出茶壶中的茶汤。诏安泡法只能三泡，超过三泡，茶叶味道尽去，就不能饮用了，只能倒掉。

清洗茶具

饮茶三泡后将茶杯、茶壶静置，等客人自行离去。不可当着客人的面清洗茶壶和茶杯，需要等客人离去后才能清洗。

注意事项：

1. 诏安泡法中茶汤只能喝三泡，超过三泡，即使茶汤还有颜色也不能饮用，更不能加水冲泡，三次后需要静置，不可再举杯。

2. 诏安泡法第一泡第一杯是主泡者饮用，这个时候有比较多的浮渣在茶汤中，颜色晦涩而且苦味较重，随后才能分给饮茶者。

潮州泡法

潮州泡法很讲究品茶的诚心和认可程度，冲泡的茶叶往往是价钱低廉的粗茶，但是冲泡过程讲究一气呵成，泡茶过程中是不允许讲话的，以免干扰了泡茶的精、气、神。

[茶具准备]

茶盘（双层）、茶巾、茶壶、茶杯、公道杯、水盂、茶罐、白纸、炉具（铁壶＋电热炉）、过滤网等。

[茶具选择]

成套紫砂茶具、成套白瓷茶具。

选择安静的环境，茶室应该安静，并且可以保证比较封闭的环境。灯光柔和，不能过于明亮或者昏暗，光线应该为暖色光源，又以暖黄色为最佳。座位宽敞，茶客就座后不觉得压抑，茶客能够舒适地坐在地板上。

泡茶者需要跪坐地上，然后静气凝神，两腿上分别放置不同的茶巾，右腿上放包茶壶的茶巾，左腿上放擦杯用的茶巾。在桌面顺手处也放了一块茶巾，平放后可方便取用。包壶的茶巾不能过小，在选用之前要注意能够将茶壶全部包住，如果不能确定大小，就需要提前试验一下。

温壶洗杯

潮州泡法讲究温壶，温壶时用滚烫的开水倒入茶壶中，开水需要将茶壶全部装满，并且从茶壶的边缘溢出来。浇水的时候需要浇在茶壶的外缘上，可以清洗茶壶，也为茶壶本身加温，看到茶壶表面上水汽干掉后，再将水倒入公道杯中。

水排出后，茶壶身上还有水。将茶壶的方向调至朝地面后，用茶巾将茶壶包住，然后用温和的力量拍打茶壶身子，等待茶壶表面上的水分干燥。拍打时应动作轻柔，不要让水滴溅落出来。

甩壶展示

茶壶的表面干净后，应该继续用右手握住茶壶柄并以上下摇动的方式甩壶，加快茶壶内部的水迹干燥。甩动茶壶的时候，动作应该轻揉缓慢，呈一道弧线，力度较小，切不可失手将茶壶飞出。

茶匙取茶

将茶罐中的茶叶倒在白纸上，或者用茶匙将茶叶取出放置于白纸上，查看取用的茶叶分量。茶叶不能一次性取太多，如果分量不足，就可以再次取用。手不能直接抓取茶叶，若习惯用手取茶叶，则需佩戴手套。

淋水烘茶

将茶叶放入茶壶后，需仔细检查茶壶是否密封良好，检查无误后在茶壶的表面上浇入开水，提高茶壶内部的温度。开水可以多次浇淋，几次加温后可以闻到茶香，表明已经成功地祛除霉味，飘出茶香（此处烘茶的方法和前文安溪泡法烘茶法相同）。

烫洗茶杯

手持公道杯，将公道杯中的水倒入茶杯中，将茶杯彻底洗涤干净，然后让水从茶杯中溢出来。洗净后，将茶杯中的水全部倒入茶盘中，然后继续用茶巾将茶杯的水分擦干备用。

冲水泡茶

将已经摇晃过后的茶壶放入茶盘中，然后将温度适宜的水冲入茶壶中。冲水后，将茶壶从茶盘中提起，放置于桌面上的茶巾上面，按住气孔摇晃，使得茶叶能够在茶壶中充分舒展，让茶汤的味道更加醇厚。摇动的次数随着冲泡次数递减，第一次大约摇动四次，以后按比例递减。摇动后需要将茶汤全部倒出，并将茶壶中的残留茶汤清理干净并抖茶壶。越靠后的冲泡次数、茶壶抖动的次数越多。

分汤入杯

将几次冲泡好的茶汤混置在公道杯中，然后分入茶杯，供客人享用。冲泡的过程中不允许说话，等到冲泡结束，将茶汤分入茶杯中后，才能允许讲话。同诏安泡法一样，潮州泡法也只能冲泡三次。

注意事项：

1. 潮州泡法十分讲究茶壶的密封性，因此需要多次甩壶，需要主泡者用茶巾包住茶壶进行，因此对主泡者的要求很高，而且需要环境较为开阔，这样保证主泡者能够比较好地将茶壶摇动并充分将茶汤释放出来。

2. 潮州泡法在冲泡的过程中不能讲话，如果茶客是第一次感受潮州泡法，就需要在泡茶前提醒他们不要出声，也可以在茶桌上放一块提示牌。

3. 潮州泡法可以充分释放老茶的香味，但是需要烘茶。经过几次烘茶后，茶叶的香气会十分浓厚，让人流连。

4. 潮州泡法对茶壶的要求十分高，因此在冲泡之前，最好多次试验茶壶的密封性，然后再进行冲泡，千万不要让茶汤滴落在茶巾上。

潮州工夫茶泡法

潮州工夫茶的历史十分悠久，在唐宋时就已经在当地流行，虽然它属于一种在区域范围内的冲泡方式，但是闻名全国，至今仍然占据着重要的地位。潮州工夫茶的冲泡方式和中国古老的儒家文化有着千丝万缕的联系，现在专用的潮州工夫茶具还能真实地再现当年礼让谦和的精神。

茶盘（双层）、紫砂茶具十二件套、茶道六君子、茶巾、白纸、橄榄炭、火筷、羽扇、油薪竹。

紫砂茶具十二件套。

饮功夫茶应该选择合适的环境，可以在茶室里面饮用，也可以在露天的环境下饮用。露天环境下需要气候条件良好，不宜过冷过热，风也不能过大。紫外线比较强的话，需要有遮阳伞。

按序就坐

功夫茶饮用很讲究，不能乱坐位置，也不能够提前举杯。功夫茶应该有主泡者，功夫茶饮者应该选择合适的座位后按照顺序就座。

引柴烧水

功夫茶需用炭炉烧水，因此需提前准备橄榄炭和引火用品，引火后开始烧水。水应该选用泉水或者专用的泡茶水。

清洗茶具

将茶壶中的水倒入紫砂壶中，水满后再倒入茶杯中。这样可以比较好地清洗茶具，避免灰尘。可以使用茶道六君子。主泡者清洗杯具的时候，饮茶者应该用热的毛巾擦手擦脸，同时应该将茶巾铺放在自己的腿上，也可以不铺用，但中途不能再次铺用。

挑选茶叶

功夫茶饮者不会亲自动手，泡茶都由主泡者代劳。为了让茶汤的味道更佳醇厚，主泡者需要在冲泡之前对茶叶进行挑选，将茶叶分为"两粗一细"，

即粗茶分为等量的两份，细茶一份。分茶需要在专用的白纸上进行。

主泡者分茶的时候，只能打开茶罐将茶叶倒在纸上后才能选茶，不能用手直接取用（可以用茶道六君子中的茶匙取用）。将茶叶倒出后，可以用手抓茶进行初选（也可以佩戴一次性手套）。选好后不能出声，也不做多余动作，分好后静静地放置在白纸上。

纳茶入壶

茶叶选好后，主泡者不能停止，而需要进入下一个环节。主泡者将茶壶嘴转动至面向地面，揭开盖子并单手握住茶壶柄，然后用另外一只手抓取其中的一堆粗茶，放入茶壶中。持壶柄的手保持姿势不动，另一只手继续抓取茶叶，这次抓取细茶并铺放在已经进去茶壶的粗茶之上，然后再将剩下的那堆粗茶放于最上层。三堆茶均放入后，茶壶的容量大约还剩下三分之一或者一半，准备好后就可以准备冲水。

冲水泡茶

将已经准备好的开水倒入茶壶中，此时冲入的水温为90℃。将水沿着茶壶的边缘注入茶壶，不要直接对着茶壶中心处冲入，以免形成旋涡将茶叶打散。中间这层茶叶其实味道比较苦，最好不要散开，以免串味和堵塞茶壶嘴。冲水的力度要越来越大，这样茶汤自己的力量也会越来越大，茶香四溢，香气扑鼻。

刮去泡沫

冲水后，可以看到一层白色的泡沫逐渐浮现在茶壶的水面上，此时需要用拇指食指捏住壶钮，保持与茶壶口方向一致，茶叶中的浮末会被刮到茶壶外面，此时，应该盖上盖子，不要让茶汤继续溢出。

冲罐加温

当茶汤已经在茶壶中冲泡的时候，需要将茶壶再次放入茶盘中，并将开水再次浇淋在茶壶的身上，对茶叶继续追加热气。此时，若茶壶内温度很好，则可以闻到茶叶香气。

烫杯洗杯

将茶杯中的水倒出后，重新倒入温度更高的水。冲洗后，需要滚杯彻底冲洗，冲洗的时候，拇指需要放在杯底，中指也保留在杯子的底部，转动的时候用食指的力量进行滚动洗涤，杯子会沿着一个圆心的位置转动。保持这个姿势将每个茶杯都洗一遍。

不过这个动作比较难，特别是左手操作的时候，为了避免杯子不慎掉落，最好使用茶夹。

分茶入杯

将已经冲好的茶汤倒入茶杯中，倒茶的时候需要转圈，也就是我们俗称的"关公巡城"，将茶水轮流分入茶杯中，也就是我们俗称的"韩信点兵"。茶壶不能高抬，以免茶叶的香气快速散发，同时也不能将茶杯冲汤太满，以免端杯的时候烫手，失手掉在地上。

注意事项：

1. 功夫茶冲泡的茶叶异常香甜，但是最好冲泡半发酵型的茶叶，一般情况下功夫茶主要用于冲泡乌龙茶，特别是乌龙茶中的凤凰单枞、铁观音。

2. 水烧开后只能冷却，不能加入冷水，其入茶的温度保持在"提起茶壶后，走七步刚好"，加入冷水后为"阴阳水"，是泡茶大忌。

3. 功夫茶需要三口喝完，同时每一泡需要将茶汤的精华都置放出来，不能留在下一泡中，也不能久久停留在茶壶内，泡成后需要饮用干净。冲泡后需要闻香，有的地方每一泡过后都需要闻香。闻香可以放入闻香杯中，也可以直接在自己的茶杯中闻香。

宜兴泡法

　　宜兴是紫砂的故乡，当地的紫砂茶具产业源远流长，因此，形成了一套独特的茶文化，包括独特的宜兴泡法。此类泡法适合冲泡大部分的茶，在冲泡过程中气氛轻松愉快，让人回味无穷。宜兴泡法讲究的是水的温度，冲泡方式十分流畅，一气呵成，绝不犹豫。

[茶具准备]

茶盘（双层）、紫砂壶、茶道六君子、公道杯、过滤网、茶荷、茶杯、炉具、茶巾、茶罐。

[茶具选择]

成套紫砂茶具。

赏茶品鉴

宜兴泡法讲究茶叶的好坏，能够很好地释放出高档茶叶的香气。冲泡茶汤之前，需要将茶叶用茶匙提前放入茶荷中，由专人奉至客人面前，供客人闻香赏茶。

温壶

取下茶壶的盖子，放置在盖置之上，然后单手持壶，或将茶壶放置在茶盘中，将已经烧开的水冲入茶壶中至半满，然后将冲出来的水从茶壶嘴倒出，倒入茶盘中。

茶匙置茶

取出茶道六君子中的茶匙，置放进茶荷中。从盖置上取出盖子，将茶壶盖好。

温润泡

将茶叶拨入茶壶后，再将茶壶放于茶盘中，将开水注入茶壶中，茶壶全满并看见茶汤从茶壶嘴的边缘流淌下来。此时，已经可以闻到茶的香气，盖上盖子，然后立刻将茶汤倒入公道杯中。

洗杯温杯

将茶杯置放于茶盘中，将公道杯中的水注入茶杯中，不仅可以洗杯，也可以温杯，以保证茶杯的

清洁和温度。

第一泡注水

将适宜温度的开水注入茶壶中，其浸泡时间视茶叶的品种而定。如果客人喜欢喝浓茶，就可以适当地延长冲泡时间。

干壶去水

冲水后，茶壶底部会有一些水滴，为了防止倒茶的时候水滴滴落下来，应该将水滴在茶巾上沾一下，然后再提起茶壶。

倒入茶汤

将第一泡泡出的茶汤倒入公道杯中，此时，要将冲泡后的水全部倒入，不能在茶壶中有剩余。

分茶入杯

将茶杯放入茶盘之内，然后将公道杯中的茶汤倒入茶杯中，仅倒七分满即可。

清洁茶具

饮茶完毕之后，需要去渣洗壶，然后冲入开水，将茶渣倒入茶池中。宜兴泡法是唯一需要在客人面前洗杯和洗壶的泡法。

注意事项：

1. 宜兴泡法适合冲泡大部分品种的茶叶，但是比较娇嫩的茶叶如绿茶，最好不要使用这样的方式进行冲泡。

2. 宜兴泡法冲泡茶汤的过程中轻松愉快，茶客之间不分主次，可以谈笑风生，因此很多茶客都比较喜欢。

3. 宜兴泡法属于简单和方便的冲泡方式，比较容易学会，在家庭中也可以使用。冲泡时，仅仅需要成套紫砂茶具，不需要专门去训练洗杯和转杯的技法。

盖碗泡潮州功夫茶技法

潮州盖碗功夫茶冲泡过程，是在潮州功夫茶的基础上进行了简化，保留了潮州功夫茶的精华部分，但是技法相对简单了很多，茶具也没那么讲究，冲泡时使用陶瓷盖碗即可。

[茶具准备]

茶盘（双层），白瓷盖碗，茶荷，茶道六君子，公道杯，杯，炉具，茶壶。

[茶具选择]

白瓷盖碗。

温洗盖碗

将盖碗置放于茶盘之上，然后注入开水与盖碗边缘齐平，用茶夹夹取茶杯，放入盖碗中温杯，水滴会沿着茶盘的空隙流入下层。

置放茶叶

用茶道六君子中的茶匙，将包装放入茶荷中的茶叶拨取进入盖碗茶杯中，盖碗茶杯置放的茶叶置为茶杯容量的六～7成。

洗茶净身

揭开白瓷盖碗中的茶杯，然后提着水壶，将开水沿着茶杯的边缘注入茶杯，注水的时候，需要手提茶壶，沿着茶杯的边缘划圈并均匀注水，茶杯仅仅需要注水七八分满即可，水流不能从盖碗的边缘流出。

刮去水沫

手持盖碗的边缘，然后将盖碗中的茶叶拨弄得分散而均匀，各个部分的茶叶高度一致，然后用盖碗的边缘将茶汤果面上的茶沫拨至盖碗的一侧。

分茶注水

将盖碗的盖子以后高前低的方式盖好，用拇指和中指握住盖碗的两侧边缘，将茶水缓缓注入公道杯，然后再一手持盖碗，一手持公道杯，将公道杯的茶汤倒入碗盖的内侧，碗盖不停地旋转，需要保证清理干净。

再次注水

将已经清洗过的茶叶留置在盖碗里面，再将开水冲入盖碗，再将已经泡好的茶汤倒入公道杯，然后再由公道杯冲入茶杯。

手执盖碗应该用拇指按住盖子，其余四指托住碗的底部，这样保证不烫手。如果盖碗中的水很满了，就可以倾倒一些茶汤出来，保证盖碗中的水能够自然地流入茶盘中。

上投法、中投法、下投法

　　上投法、中投法、下投法是在冲泡茶汤的时候，按照放入茶叶和水的顺序进行区分的。有的茶叶（比如绿茶）用上述三种泡法均可，有的茶叶（如乌龙茶）就只能用一种泡法。这是根据茶叶本身的特点选择的，为了更好地释放茶叶的香味，保证茶汤的醇厚鲜美。

上投法即先注水后放茶叶的方法，先将开水注入杯中，等水温保持在80℃的时候将茶叶投放其中，稍后即可品茶。一般说来，绿茶更加适合用上投法，比如碧螺春或信阳毛尖等，上投法在温度比较高的情况下，冲泡出的茶叶味道更香，更适合夏季使用。

注意事项：

1. 先入水再加茶，水只能放入七分满，然后再加茶。茶叶可以提前置放于茶荷中，不能临时用手直接抓取。

2. 上投法更加适合于芽叶细嫩的茶叶，但是如果茶叶本身比较松散，最好不用此法。上投法适合于比较饱满、自身较重的茶叶，如碧螺春、信阳毛尖等。

中投法即边注水边投放茶叶的方法，即先将水注入一半后等待水温保持在80℃，然后投放茶叶，继续注水至茶杯中，然后就可以使用。总的说来，中投法更加适合比较高档的茶叶，比如龙井、太湖绿、六安瓜片、绿阳春等，在气候温和的时候也使用较多，因此，适合春秋季使用。

注意事项：

1. 适合于相对而言比较细嫩的茶叶，以西湖龙井、六安瓜片的冲泡为例，冲泡最好在玻璃杯中进行，以慢慢地欣赏茶叶的美丽姿态。

2. 中投法为先注入三分之水，然后投放茶叶，最后注入剩下的水。水只能在杯中注满七八分。

下投法即先投放茶叶后注水的方法。开水的温度稍高（85 ～ 90℃），静置后就可以饮用。下投法水温较高，适合在室内温度低的季节使用，在冬季使用较多。

注意事项：

1. 将茶叶放入玻璃杯子后，需要加入部分热水，水满过茶叶的身子给茶叶暖身即可。

2. 等到茶叶充分展开，能够看到叶片完全张开后，再继续冲水。下投法适用于大部分的茶叶，尤其是市面上比较便宜的绿茶。

茶叶

绿茶

  绿茶是我国重要的茶种，年产量超过 10 万吨，是国内茶系中产量最大的茶种，国内的很多省市都出产绿茶。绿茶是不发酵茶，较多地保留了茶叶本身的新鲜物质，对于抗衰老、抗癌等有明显的作用。绿茶冲泡后茶汤呈现出明显的绿色，晶莹剔透，高档绿茶均是用茶芽制成，著名的绿茶品种有西湖龙井和碧螺春等。

茶叶的生长环境

　　绿茶主要生长于高山和平地两种地形，适宜雨水充沛、气候温和的天气。茶叶的味道会因为土质、水源和气候条件的不同而发生变化，形成不同的品种和风味。我们主要通过高山或者平地的方式来区分绿茶。

　　高山绿茶的叶子比较细长，干燥后呈现出条索状，富有光泽，颜色绿得很纯正。将高山绿茶放在手心，会发现叶片比较柔软，泡成茶汤后，汤底明亮没有色素和茶渣沉淀；平地绿茶颜色偏黄一点，泡水后能明显地看到叶片上有突出的经络条纹。

新鲜绿茶和陈旧绿茶的鉴别

　　1. 新茶颜色绿意明显，从外观上看，整片茶叶绿得有点不均匀，叶子根部会有色素沉淀。将茶叶置于茶荷内或者放在手心，近距离能闻到浓郁的香气，比如清香、兰花香、熟板栗香味等，但气味并不刺鼻；而陈旧绿茶发暗发黑，颜色明显比新茶晦暗，而且有一种霉味，没有茶叶本来的香气。如果外观绿得很鲜艳，看起来很光洁，却没有茶香味或者无味，就是翻新过的陈旧绿茶。

　　2. 新鲜绿茶的茶汤色泽鲜亮，叶底鲜绿明亮，茶汤没有沉淀物。陈旧绿茶的茶汤色深黄，叶底陈黄，肉眼可见颗粒状的浮渣，有的有沉淀物。陈旧茶叶用口吹热气，湿润的地方叶色黄且干涩，闻起来有冷感，看起来带褐色。经过翻新的绿茶，有的表面会有颗粒状的油状物，有的会在茶汤中有绿色的颜料溶解物和沉淀颗粒，这表明茶叶被染过色。

3. 新鲜绿茶经过烘烤干燥后，摸上去有轻微的摩擦声，用力捏会碎为粉末，整片茶叶比较轻。陈旧绿茶存放时间长，所含有的水分比较多，茶叶会变重并且变得绵软，摸上去没有摩擦声，手捏也不能成为粉末。

优质绿茶和劣质绿茶的鉴别

从外形上看

优质绿茶外观包裹紧密，呈条索状态或颗粒状，看起来比较饱满，茶叶上细密的白毫，颗粒物成整体，碎末很少。劣质绿茶因为品质的关系，外观松散，有的叶片没有卷起来，叶上白毫很稀疏，整体感觉比较差。

从茶汤的颜色看

优质绿茶汤色青翠，碧绿透明，味道浓醇鲜美，回味甘甜，有阵阵茶香溢出，香气纯正自然，没有杂味。茶汤叶底细嫩，呈嫩绿色，没有残渣，茶汤看起来十分清凉，在玻璃杯中对着光线，光线能够自如透过。劣质绿茶汤色有些浑浊，有沉淀物，在阳光下看，光线不能自如透过，而且气味有烟味或者青草味，茶汤中甚至有老叶，会沉淀在茶汤底部。

绿茶冲泡技巧

水温

高档绿茶都是采集的茶叶的尖部，因此十分娇嫩，适宜以80～85℃的水温冲泡，如果水温高就可能泡老；而市场上的廉价茶叶，都是由茶树的叶子炒制而成，需要用99℃的水来进行冲泡，否则茶叶的滋味不能够充分地溶解在水中，难以品尝出茶味。

茶具与投茶量

冲泡绿茶，茶水比例为1:50～1:60，最好选择用玻璃茶具或者白瓷盖碗。用玻璃杯能够看见茶叶在杯中舒展变化，欣赏飞旋的"茶舞"，而白瓷盖碗能够让茶叶充分舒展自己的姿态，茶汤的颜色晶亮透明，让人流连不已。但是用玻璃杯泡茶，可能会将茶叶吸入口中，因此喝茶的时候应该慢慢去吞饮，不能大口喝茶；而白瓷盖杯可以将茶叶拂开，饮用更加方便。

值得一提的是，使用玻璃杯泡茶，应该使用单层的玻璃杯，不能使用保温效果好的双层玻璃杯，以免将茶叶泡老了。如果投放的茶叶比较普通，需要用较高温度的水，最好是在单层茶杯上加一块玻璃片。

绿茶的冲泡

上投法、中投法或者下投法皆可，根据冲泡者自己的爱好来决定。绿茶冲泡后稍冷即可饮用，如果要续水，就需要将第一泡的茶汤在留下四分之一或者三分之一。如果第一泡后喝光后再蓄水，茶汤的味道就会淡很多。

西湖龙井

位居中国十大名茶之列，产于杭州西湖茶区，属高档绿茶，年产量极小。西湖龙井有"色绿、香郁、味甘、形美"四绝，冲泡出来的茶汤本身就是艺术品，清明节前采摘的龙井品质最好。相传乾隆六下江南，曾四次去到龙井茶区观看采制茶叶，并品茶赋诗，这也说明龙井久负盛名。

茶叶品鉴

龙井茶叶较扁平，宽度整齐一致，手感光滑，长度一般为2～3厘米。颜色为黄绿色，看起来比较细嫩，新茶放入茶荷中闻起来有一股清香，手捏较为柔软。市面上龙井茶假冒品很多，手感粗糙、长短不均匀、碎屑较多者多为仿制的龙井。仿制龙井会有青草的味道，或者无味。

龙井茶泡开后也会有兰花豆或油煎蚕豆的香味，这是真品龙井茶的最显著标志，颜色黄绿相间，汤色明亮，透光性好，置入玻璃杯中清澈见底，阳光下没有沉淀。假冒的龙井茶香味则各不一样，有土腥味、栗子味等，汤色也略微浑浊，阳光下有沉淀物。

冲泡要点

1. 西湖龙井属于比较娇嫩的绿茶，一般采用中投法冲泡，适合水温为85℃左右，水温不能过高，以免将茶叶泡老了。

2. 如果用盖碗冲泡西湖龙井，冲水后盖碗的盖子就不能直接放置在盖碗上，而需要留出一道口子，以免将茶叶焖黄。

洞庭碧螺春

洞庭碧螺春是与西湖龙井齐名的中国十大名茶之一，因为产于江苏省苏州市太湖洞庭山而以产地的名字来命名，其名相传为康熙皇帝所赐。碧螺春仅仅使用茶叶的芽，因此比较珍贵，难以采集，价格较高。真品茶叶嫩芽多、汤色清亮、味道醇正，有诗赞道："碧螺飞翠太湖美，新雨吟香云水闲。"阳光下，茶汤清澈可鉴，香气扑鼻。

茶叶品鉴

碧螺春外形细长，纤细修直，就好像蜜蜂腿上的绒毛,仔细观察后会发现叶片上有白色的絮状物，放置水中后会发现有絮状物漂浮在水中，汤色碧绿清澈，阳光下很透明。

假冒的碧螺春多为老树叶所制作，条索较粗，通过色素调色，颜色有些灰暗，没有加入色素时则颜色明显较深，而且看不到绒毛，个别时候绒毛会浮在水面上，没有融入茶汤。

珍品碧螺春冲泡后会有花果味道，香气柔和，滋味甘甜；而假冒碧螺春没有花果香味，滋味苦涩，而且看起来叶片外形不佳，没有特别娇嫩的感觉，看起来是"老叶子"。

冲泡要点

1.碧螺春比较娇嫩，高温冲泡会失去茶叶本身的香味，因此冲泡碧螺春水温在80℃即可。碧螺春采用上投法进行冲泡，因为不耐高温，所以最好不使用保温性较好的紫砂茶具冲泡。

2.碧螺春最适合用玻璃杯冲泡，因为碧螺春冲水后，叶片舒展开来，会看到飘逸唯美的茶舞，茶汤颜色晶莹剔透。此外，也可以使用白瓷盖碗进行冲泡。

黄山毛峰

中国十大名茶之一，以采集地为黄山而得名，是典型的高山绿茶，主要位于黄山比较高的景点，如桃花峰的云谷寺、松谷庵、钓桥庵、慈光阁周围等处，叶片翠绿，细长如峰，叶片上有明显的白毫。

茶叶品鉴

正宗的黄山毛峰条索比较细长，就好像鸟类的舌头，叶片较为卷曲，夹杂着金黄色的叶子，覆盖着明显的白毫。假冒的黄山毛峰主要是用老叶子加工的，颜色土黄，而且看起来很粗糙。也有的仿制品是别的品种的茶叶或者就以老树叶子烤制后制成，因为烘烤的时间比较多，叶子显得很干燥，颜色深而且较重，叶片也比较大。

黄山毛峰冲泡后有炒米的香味，汤色杏黄，假冒黄山毛峰茶叶汤色微微泛红，味道也较苦，叶子看起来有些死板，而且味道有点怪怪的，有的有烟火味（为长时间烘烤所致）。

冲泡要点

1. 适合中投法冲泡，水温 85℃ 左右。

2. 最好使用玻璃杯进行冲泡，可以清楚地看到毛峰的叶子形状。黄山毛峰的叶子冲泡开了后会有尖状凸起。

六安瓜片

国内的经典名茶之一，明代科学家徐光启曾经在所著《农政全书》里对六安瓜片给予了高度评价："六安州之片茶，为茶之极品"。在清代被列为贡茶，《红楼梦》中曹雪芹八十多次提及六安瓜片，称为"荡气回肠"。

六安瓜片是所有的绿茶品种中唯一去梗去芽的片茶，叶子可以直接食用。

茶叶品鉴

六安瓜片没有茶梗和芽子，每片叶子大小都差不多，外形卷曲，粗细均匀，厚薄一致，同时每一片叶子都是单叶。炒制成茶叶后，可以明显地闻到叶子有炒制的板栗味。如果茶叶的叶片看起来大小不一，厚薄有差别，有的叶片比较松弛，看起来是"趴着的"，闻起来有青草的味道，就说明质量不好，为老茶叶翻新或者用劣质茶拼凑而成。

六安瓜片冲泡后茶汤清亮，味道回甜，没有悬浮物和沉淀物；味道苦涩或者没有回甜味道的，均为假货。

冲泡要点

1. 六安瓜片比较细嫩，不能用滚水冲泡，一般采用中投法冲泡，适合水温为85℃。

2. 用青花白瓷盖碗冲泡六安瓜片，更显其美丽的色彩。

蒙顶甘露

蒙顶甘露产于四川雅安蒙顶山，为汉代茶祖吴理真所驯化的绿茶，所以蒙顶甘露以吴理真的号"甘露道人"来命名。

蒙顶甘露早在唐代就声名远播，"扬子江中水，蒙山顶上茶"形容的就是以蒙顶甘露为代表的蒙山茶。根据考古记录显示，蒙顶甘露为中国最古老的名茶，被尊称为"茶中故旧，名茶先驱"。

茶叶品鉴

蒙顶甘露的外形比较紧密，放大镜下可以看到叶子紧密地贴合在一起，卷实的叶子上有白毫浮现。蒙顶甘露色泽浅绿色，看起来有一层淡淡的油光。

蒙顶甘露冲泡后会显得嫩绿清澈，叶片比较舒展，在玻璃杯中冲泡可以看到叶片的动态。茶汤有嫩香味透出，有一点煮嫩玉米水的味道，略略带有一点回甜。叶子比较卷散，白毫少，主要是因为茶叶品级教次，或者为陈年老茶。

蒙顶甘露产量比较少，是稀有的茶种，假货很多，多用当地茶树的老叶子炒制，不仅味道不甜，而且叶片看起来也很老。

冲泡要点

1. 适宜用上投法冲泡，水温为 85℃。

2. 茶汤会有一点甜味，需要静心品尝，同时饮用前后也不宜进食刺激性或者辛辣的食物，以免干扰对茶汤原味的品鉴。

3. 可以使用矿泉水冲泡，因为泡茶最好的水即矿泉水，因此其味道更加甘醇。

太平猴魁

太平猴魁属于高山绿茶，主要产区是黄山，叶片绿中带红，苍绿均匀，叶子平整，呈纺锤状，因此有"猴魁两头尖，不散不翘不卷边"的说法。太平猴魁味道比较重，可以多次冲泡，也有"头泡高香，二泡味浓，三泡四泡幽香犹存"的神韵。

茶叶品鉴

太平猴魁的外观平整，叶片厚，呈现出两头小、中间大的形状，颜色是暗绿色的。如果茶叶颜色较深或者发黑，或者叶片的边缘有卷曲或者破碎，就是假茶。太平猴魁叶片的主脉带有红丝，这是最典型的特征。如果没有红丝，要么就老叶子，要么就是假茶。但是也有茶商会将真茶叶和假茶叶混在一起，用放大镜可以清楚地看到二者差异。

真茶有兰花的香味，叶片上有细密的白毫，比较重，看起来很"实诚"；而假茶都比较飘，且茶汤的颜色很苦涩，看起来有点发黄或者发红。

冲泡要点

太平猴魁属于高档而娇嫩的绿茶，适宜用中投法冲泡，水温85℃。

可用冰泡法进行冲泡，即将冰块放入茶杯后再放入茶叶，最后加入100℃的沸水进行冲泡，相对而言，冰泡法比一般的泡法滋味更为醇厚，但是女士经期不能饮用。注意冰块和沸水的水质需相同。

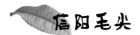 信阳毛尖

　　中国十大名茶之一，味道香醇，一年可以采集三季，但是夏季茶叶品质稍差。信阳毛尖的茶叶比较细直，呈现出青黑色的色彩，披着一层细小的白毫。信阳毛尖冲泡后汤色比较黄亮，有熟板栗的味道，叶子的边缘呈现出细小的锯齿状，叶片上能清晰地看到一层白色的绒毛。

茶叶品鉴

　　信阳毛尖的特色是"细、圆、光、直、多白毫、香高、味浓、汤色绿"，叶子小而修长，颜色深，有一层白毫。假茶叶叶片是卷的，叶子的颜色比较黄，看起来比较死板；没有特定的香气，叶子边缘是光滑的，颜色深，没有味道或者味道比较苦。

　　信阳毛尖如果放于玻璃杯中冲泡，就可以明显地看到叶子的边缘透亮，整个叶子都比较薄，晶莹

剔透。而假货的叶子比较厚，颜色发黄，叶子的边缘是死板的，没有光线透过的痕迹。

冲泡要点

　　1. 适宜用上投法冲泡，水温为85℃左右，不能在高温下冲泡。

　　2. 信阳毛尖是广受茶客喜欢的茶种，冲泡的时候可以按照自己对茶具的爱好进行选择，用玻璃茶具或者盖碗茶具均可。信阳毛尖冲泡后叶子的边缘很美丽，最好用玻璃杯冲泡，仔细观察。

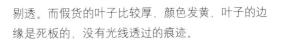

庐山云雾

庐山云雾是高山绿茶，属于中国的十大名茶之一，最初为野生茶种，后来经过驯化后成为家养茶种。庐山云雾"味醇、色秀、香馨、汤清"，在宋代就已经是"贡茶"，现代庐山云雾产量不大，也属于珍贵的高档绿茶。

茶叶品鉴

庐山云雾外形是条索状的，茶叶包裹得十分紧密，茶叶上白毫显露，闻着有兰花的香味。冲泡后茶汤在阳光下透亮，没有沉淀物，有的时候有豆类的香气。而假货的茶汤是白色的，第一次冲泡后就没有味道了，而真品的庐山云雾可以多次冲泡，三泡后颜色变浅，但是依旧有淡淡的香气。

冲泡要点

1. 庐山云雾适宜用上投法进行冲泡，水温为85℃，不能用高温水进行冲泡。

2. 如果用山泉水冲泡，滋味就会更加醇正。部分专卖店有桶装山泉水出售。若没有山泉，则使用质量较好的井水或者矿泉水也不错。

婺源茗眉

婺源茗眉产于江西，因为叶片的形状和女性的眉毛形状一致，故而得名。婺源茗眉对气候环境和土壤要求很高，长成后会富含丰富的营养成分和芳香物质，蛋白质、氨基酸和维生素含量都高。

茶叶品鉴

婺源茗眉一般为一芽一叶或一芽二叶，外观为嫩绿色，颜色透亮，覆盖银毫，叶片基本也为绿色，若为红色则是不合格产品，系采摘时被指甲划伤所致。仿冒的茶叶肉眼可见紫色或者红色的叶片混杂其中，这是没有经过严格筛选的结果；也有的用树叶仿制，晒干后叶片较大。

真品茶叶冲泡后，茶叶细嫩鲜美，茶汤看起来如黄色水晶，十分引人注目。仿冒茶冲泡后叶片形状有明显差异，同时茶汤无香气，或气味怪异。

冲泡要点

1. 婺源茗眉适宜用上投法进行冲泡，水温为85℃，不能用高温水进行冲泡。

2. 婺源茗眉外形细长，适合观赏，最好是放于玻璃杯中，冲泡后静静地等待叶片展开。

径山茶

径山茶产于浙江境内，早在唐朝就已经出名，是古老的茶种之一，很早就从国内传播到日本去广泛种植。径山茶产量极少，基本都供出口，国内销售量很小。径山茶出产地多为雾多的高处，峰谷山坡多为黄、红色土壤，结构疏松，因此，茶叶的味道特别醇正，经过几次冲泡后茶味依旧很浓。

茶叶品鉴

径山茶纤细苗秀，色泽翠绿，有明显香气，冲泡后茶汤嫩绿透明，可以看见叶片在茶杯中飞旋，轻盈舒适。径山茶产量比较小，国内的假冒茶叶很多，多数假冒茶叶都是用老树叶烤制而成的。

真品的径山茶经过三泡以后依旧有滋味，而假冒的茶叶味道略显苦涩，多泡几次后，味道就很淡了。

冲泡要点

1. 径山茶适宜用上投法进行冲泡，水温为85℃，不能用高温水进行冲泡。

2. 径山茶的茶汤颜色十分美丽，但是市面上真品较少，购买的时候要注意识别。此外，茶汤可以在滤出茶叶后调制蜂蜜饮用。

安吉白茶

产自浙江省安吉县，很多人都从其名字"望文生义"来认为属于白茶系列，其实这是一个巨大的误解。由于其加工工艺是按照绿茶的工艺进行的，因此安吉白茶属于绿茶系列。它富含氨基酸，对延缓衰老和抗皱纹有一定的效果，很受女士们的青睐，因此也被称为"美容茶"。

茶叶品鉴

安吉白茶生长于安吉特定的茶树上，属于区域茶种，叶片颜色鲜绿，叶子大，炒制后成为条索状，叶片上有白毫，叶片平整。安吉白茶叶面呈现翠绿色，显得有光泽，如果是有老叶子混在其中"以次充好"，看起来颜色比较花，草绿色、黑色，甚至绿中泛红的叶子混杂其中，则为次品。

正品的安吉白茶冲泡后，汤色呈现出杏黄、杏绿的颜色，清澈而明亮，有板栗或者蕙兰的香味，

味道清甜。若汤色浑浊、泛红，口感苦涩，气味淡薄，甚至发臭，则为劣质茶。

冲泡要点

安吉白茶属于高档绿茶，可使用中投法进行冲泡，水温85℃，切不可水温过高。如果用玻璃杯进行冲泡，就可以看到叶片清晰的纹路，在阳光下很美丽。

顾渚紫笋

顾渚紫笋是绿茶中高级品种，因为茶叶带有紫色，且背后是笋壳状卷形而得名，从唐朝起就已经被宫廷认可，誉为"贡茶"。顾渚紫笋的第一批茶需要在清明前抵达长安祭祀宗庙，因此被称为"急程茶"。唐代诗人张文规曾有"传奏吴兴紫笋来"之诗句，就是对"顾渚紫笋"入京的生动描述。

茶叶品鉴

顾渚紫笋形态就好像竹笋一般，冲泡后叶片呈现出兰花的形状，色泽翠绿，银毫明显，而且甘醇鲜爽。茶汤香气扑鼻，颜色明亮，阳光下晶莹剔透，没有沉淀物。而假茶主要以老树叶或者杂树叶制造，冲泡后叶子的形态和颜色明显不同，茶汤看起来有悬浮物，有些混浊，没有任何香气。

冲泡要点

1. 可使用中投法进行冲泡，水温85℃，切不可过高。

2. 顾渚紫笋分为几个等级，等级越高，茶叶的形态就越美丽。冲泡后，顾渚紫笋的叶片舒展开来，在玻璃杯的底部形成了一朵朵"茶花"，十分美丽。不要错过这个值得纪念的时刻哦！

黑茶

　　黑茶因为成品茶叶外观呈现出黑色而得名，是国内的重要茶种。黑茶属于全发酵茶叶，原料相对而言比较老，销售的时候多压制成茶砖或者茶饼。黑茶需要用高温水冲泡，部分品种还需要在火上熬煮后才饮用。黑茶产地在我国分布较广，最具有特色的品种就是普洱茶。

茶叶的生长环境

　　黑茶起源于四川省，最初是从藏茶开始的。黑茶往往生长在地势险峻、交通不便的崇山峻岭中，山体经历了历史的变迁切割成片，水源丰富，土层肥沃，富含有机物，茶园的土壤中含有氮、钾等元素。黑茶喜欢雨水丰富、冬季温暖的环境。其成品茶叶往往能够长期保存，越放越香。

新鲜黑茶和陈旧黑茶的鉴别

　　黑茶的新茶看起来比较完整，外表光滑，冲泡后茶汤的颜色为橙色，有点发黄，看起来清澈透明，而且比较回甜，而老茶表面往往有一些渣，砖茶的边缘有点破旧，冲泡后茶汤的颜色比较红艳，香气感觉更加沉厚。

有的茶种，比如茯砖茶，因为需要在马背上长途跋涉，在风雨兼程中经过了发酵，形成所谓的"金花"，从而形成了现代评价茶叶好坏的标准，所以茯砖茶以"有金花"者为佳，这样有的新茶看起来会有"霉点"（冠突散囊菌），其实不过是一种发酵的工艺。不过新茶采摘下来的时间不长，有人会觉得味道比较"冲"，也可以保存一两年后，等陈化了以后再冲泡。相对而言，黑茶的老茶更加耐泡。

优质黑茶和劣质黑茶的鉴别

看外形

黑茶属于老茶，一般都压制成砖茶出售，少量散茶呈现出条索状，看起来很润泽。黑茶压制成茶砖后四角突出，看起来纹路清晰，十分完整。如果茶砖颜色过于鲜亮或者暗淡，油分就好像要滴落下来那样，就肯定是假茶。茶砖表面粗糙蓬松、多裂缝、外观不成型的，多为劣质茶叶冒充。

看茶汤

黑茶最突出的特点是其美丽的茶汤，黑茶冲泡后汤色明亮，茶香浓郁，有的如琥珀色，有的是暗红色，有的是橙黄色……放入玻璃杯中可看到茶汤清澈透明，没有残渣或者浮游物。劣等茶叶的茶汤混浊，滋味苦涩，香味寡淡，同时也有一种酸味，有的有霉味，茶汤的颜色看起来比较暗淡。

黑茶的冲泡方法

水温

黑茶属于后发酵，需要用99℃的水来冲泡，水温过低，黑茶的香味不能完全释放出来。黑茶的部分茶种（如老帕卡）冲泡后还要在炉具上继续加热，直至茶香充分释放。部分茶种冲泡需要用保温杯。

茶具与投茶量

冲泡黑茶最好选择紫砂壶或者白瓷茶具。冲泡黑茶茶水比例为 1 克茶对应 30 ～ 50 毫升的水。

冲泡方法

紫砂壶泡法可以参考本书的第三章。在此强调第一泡浸泡的时间大约为 20 秒钟，泡好后即可将茶汤倒入公道杯或者直接分入各个茶杯中。

传统煮茶法：煮茶前需要先洗茶，将茶叶"净身"后放入茶壶中，然后向茶壶中冲入开水，放在酒精炉上加热。一般煮茶加热两分钟即可，如果喜欢老茶汤可以延长 15 秒到 30 秒。煮茶结束后，将茶汤倒入公道杯中进行分杯，分杯只能倒七八分满。茶壶内的茶汤要一次性倒出，不能留存在茶壶内，茶叶不能长时间浸泡。

奶茶饮法：即将茶汤煮好后倒入公道杯中，然后按照一定的比例加入奶液（奶:茶 =1：5）。

黑茶不与水果或者饮料一起食用，但是可以加入糖或者食盐来调味。

普洱茶生茶

普洱茶生茶产于云南普洱市，此地的高原气候滋养出了最美味的普洱茶叶。普洱茶生茶和普洱茶熟茶味道各不相同，外形上也有饼茶和散茶的差别，普洱茶越陈越香，存放时间越久，其价值越高，因此被称为"可入口的古董"，普洱茶是养生和投资的佳品。

茶叶品鉴

普洱茶生茶颜色从绿色到褐色均有，一般来说，越新的普洱茶颜色越绿，越老的普洱茶颜色越红，有浓厚的绿茶香气。存放在 3 ~ 5 年间的普洱茶，茶饼完整，茶梗呈现出淡淡的紫色；存放在 5 ~ 7 年间的普洱茶，茶饼完整，茶梗全紫；存放在 7 ~ 10 年间的普洱茶，茶饼看起来很干，重量轻，边缘有些轻微的破碎，同时茶梗呈现出深紫色。

普洱茶主要是依靠开汤后的汤色来进行好坏的鉴别，正品的生茶在阳光或灯光下有明显的亦黄亦绿的色感，年份越久颜色越深，5 年左右的普洱茶茶汤是金黄色的，陈年老茶的茶汤是金红色，茶汤有一层漂亮的油光。若茶汤的颜色发黄、发黑、发灰，漂浮有油珠，则表明是劣质茶或者假茶。

冲泡要点

1. 普洱茶可以在高温下冲泡，最好在紫砂壶内冲泡。冲泡几次后，茶叶还有余味，也可以用煮茶的方式将茶汤的味道释放出来。

2. 普洱茶生茶的颜色特别，可以在玻璃杯下仔细观赏。"乌龙闻香，普洱赏色"，普洱茶的颜色十分特别，每隔几年茶汤的颜色就会不一样，可以慢慢欣赏茶汤的颜色。

普洱茶熟茶

普洱茶熟茶的炒制方式和生茶不一样，颜色明显发红，为红褐色或蟑螂色，也被称为"猪肝红"，闻起来香气扑鼻。普洱茶生茶和熟茶，是同一个品种不同加工工艺的产物。

茶叶品鉴

普洱茶熟茶采用"渥堆"技术，对生茶进行快速后发酵或缓慢后发酵而成。普洱茶熟茶颜色明显发红，为红褐色或蟑螂色，茶汤香气很浓。劣质的普洱茶熟茶会发黑，有铁锈水的味道，甚至有的有胶味。

冲泡成茶汤后，正品熟普洱茶汤色红浓透明，有枣香、樟香、荷香等香味，香味层次分明，比较重，没有浮渣且有一种沉香味，能看到油气但是不见油珠。劣质的普洱茶冲汤后茶汤浮渣较多，茶汤混浊，有的时候感觉"油腻腻的"。

冲泡要点

1.普洱茶熟茶茶汤需要高温冲泡，因此冲泡的时候将开水应该烧至99℃，不能使用半开水（85～90℃），也不能使用冷热水混合冲泡，更不能加入冰块、柠檬汁或者蜂蜜调味。

2.普洱茶熟茶可以在紫砂茶壶中煮泡，用炭火将茶汤慢慢地熬制而成，普洱茶熟茶第一泡不需要煮泡时间过长，但是后面几泡需要慢慢煮熟。

老帕卡

原来是云南茶农自己饮用的茶品，不外销，是普洱茶的一种，但是加工方式不一样，是经过煮水后晾干而成的。老帕卡是一种古老的普洱茶，因为最初是已经煮过的，叶子中没有活性酶，但是味道十分甘甜，有特殊的香气。现在老帕卡已经成为难得的美味，不仅在当地广为流传，而且还远销世界各地。

茶叶品鉴

老帕卡是云南普洱茶的一种特殊炒茶工艺的产物，但是因其特殊的香味和甜味而备受喜爱。假冒的老帕卡表层色泽比较接近真品，但没有茶叶的香味，表面有刷油的痕迹，如果切开就会发现内部是干的，颜色和表层差别大。

煮开后，真品老帕卡香气扑鼻，茶汤含油但是透明鲜亮；而假冒的老帕卡的茶汤颜色浑浊，有的有一种胶状物分解出来的怪味。

冲泡要点

1. 老帕卡是高温茶，不能用开水冲泡，只能用茶壶煮着饮用，小火加温后慢慢煮泡，等着茶汤的香味释放出来，茶汤能够品出甜味后才能饮用。煮茶的时间按照茶客的喜好来定。

2. 老帕卡在冲泡之前需要在炭火上稍微烘烤，等着茶叶的香气释放出来再放入茶壶中慢慢熬制。

 六堡茶

六堡茶主产于广西梧州六堡镇，被中国当代著名文化学者肖健定位为与云南普洱茶齐名的中国名茶，越陈越香。六堡茶是典型的黑茶，出售时被压制成茶砖的形状，散发出槟榔香气，在茶中独树一帜。如今六堡茶已经远销海内外，为世人所共知。

茶叶品鉴

六堡茶有着"红、浓、陈、醇"的特点，干茶带有槟榔香，也有人认为是咖啡香，其香气随着年份的增加而越来越香。六堡茶新叶是绿色的，但是劣等茶叶中会混有不少的陈叶，陈叶外观比较黑。

虽然属于黑茶系列，但其最突出的特点就是一个"红"字。六堡茶冲泡后，茶汤呈现出明显的红色，红得温和厚重，鲜亮美丽但不刺眼。茶汤浓郁，香气扑鼻，气味很有震撼力。而如果是假冒的六堡茶，颜色就会或浅或深，缺少香气。

冲泡要点

1. 六堡茶是高温茶，需要用 99℃ 的开水进行冲泡，如果水温过低，茶汤的颜色就不能充分释放，显得比较沉，颜色也不够美丽。

2. 六堡茶是很能体现中国味和中庸之道的茶叶，所以最好用能够体现中国特色的青花盖碗进行冲泡，冲泡后将盖子盖好捂上一会，让其红浓的汤色全部释放出来。

茯茶

茯茶是黑茶系列中十分具有特色的茶种，因为它含特殊的菌类而显得格外出色，它也是一种特殊的养生茶。茯茶能够促进行陈代谢，能够预防疾病，保健养身，经常饮用茯茶可以让人精神振奋，显得年轻有活力。因为历史上茯茶很早就远销海外，所以被称为"丝绸之路上的神秘茶"。

茶叶品鉴

优质茯茶的外观十分平整光滑，冲泡前为黑褐色，经过压制后四角尖锐有棱，肉眼能够明显地看得到金花图案。劣质茯茶的茶叶比较松软，压制后看起来软绵绵的，感觉茶叶间有空气，是其他品种的茶叶"化妆"而来，没有金花图案，因此很容易识别。

真品茯茶冲汤后香气浓重，茶汤为橙黄色，看起来鲜亮舒爽、色彩宜人。劣质茯茶的茶汤有点偏红，与真品的茶汤偏黄的色彩一看就不一样。

1. 茯茶没有散装的，均为机器压制的砖茶，因此最好事先准备好茶刀。

2. 茯茶需要在比较高的温度才能释放出茶汤的美味，因此需要煮茶后才能饮用。如果需要用冲泡的方式饮用茯茶，那么最好在保温杯里面存放一个小时左右再饮用。

3. 茯茶可以加入奶或者做成凉茶饮用。做奶茶需要先将茯茶放入茶壶中，加水煮开后加入牛奶、白糖和食盐调味。做凉茶需要先将茯茶放入茶壶中，加水煮开后自然冷却，加入甘草、冰糖或者柠檬片，然后放于冰箱中冷藏。

安化黑茶

安化黑茶是起源于秦代的古老茶种，黑茶薄皮，呈现出扁平状，相传为张良所造，俗称"张良薄片"，成为贡茶后也被称为"皇家薄片"。安化黑茶曾经一度绝迹，但是在 2010 年世博会上闪亮登场，得到了高度赞誉，现在产量较大。

茶叶品鉴

安化黑茶是压制成砖茶出售的，某些砖茶比较紧密光滑，也有砖面比较松泡的，不过并无大碍。安化黑茶色泽乌黑，表面油光可鉴，茶香宜人，冲泡后茶汤呈现出琥珀的色彩，纯净透亮，入口感觉柔和，没有刺激性气味。安化黑茶的假冒产品很多，大多是用劣等茶叶加工制成的，外观看很油腻，冲泡后会看到茶汤表面浮有油珠。

冲泡要点

1. 安化黑茶需要高温冲泡，最好能够放在砂锅或者紫砂壶里面，在小火上慢慢熬煮，等到茶汤的香味慢慢释放出来再饮用。

2. 和大多数可以加奶，加糖的黑茶不同，安化黑茶只能直接喝，不能加入糖类等食物，若加入水果或者柠檬汁，则味道变得很奇怪。

红茶

  红茶是一种古老的茶种，最初叫作"乌茶"，在世界各地多有出产，中国是红茶的主要产地。红茶属于全发酵的茶叶，炒制过程中化学成分变化较大，有茶红素或茶黄素产生，因此冲泡出的茶汤多呈现出红色，有的还有黄金圈。红茶中有很多高香茶，因为其良好的去除油脂的功效，也常常混搭巧克力、甜面包圈等。红茶最负盛名的品种是祁门红茶。

茶叶的生长环境

红茶大多生长在福建武夷山中，海拔不超过千米，多山谷和丘陵。那里降水量大，雨水丰富，四季温暖湿润，夏秋季节云雾环绕。土壤呈微酸性，土层厚实，没有工业污染，富含各种微量元素，雨季集中在 3～9 月，十分适合红茶的生长。

新鲜红茶和陈旧红茶的鉴别

看色泽

一般来说，新茶的颜色都比较漂亮，有一层光泽，如果看起来颜色暗淡，有些晦涩，或者看起来有点"蔫"，就说明茶叶已经氧化，是陈茶。

比重量

相对而言，新茶比较干燥，较轻，陈茶受潮后较重。将茶叶捏在手心，新茶往往比较刺手，可以捏成粉末，而陈茶受潮后比较软，捏起来很"绵"。

闻味道

新鲜红茶有特定的新茶香，而陈旧的红茶有陈臭的味道，闻起来怪怪的，令人不舒服。

优质红茶和劣质红茶的鉴别

看条索

红茶的条索比较紧密，相对而言，比较重，"身材匀称"，不过分粗大或者细小，有的品种表面还有金毫，条索看起来很完整，大小差不多。如果条索看起来干枯瘦小，或者看起来条索较大但是体重轻，或者条索看起来松散，"有气无力"的，就为假货或者劣等茶叶，有的劣等茶叶中还有肉眼可以看见的破碎叶片、杂草或者断树枝等物品。

闻味道

优质红茶有着舒心的香味，劣质红茶往往带有一些酸味、臭味、霉味、胶水味、陈臭味等，这些都是茶叶品质不佳的标志。

看汤色

优质的红茶冲汤后，茶汤的颜色醇厚红润，部分品种有黄金圈，叶片能够在茶汤中全部展开，同

时均匀柔软；劣等的茶叶汤色比较暗淡，茶汤混浊，有霉味，有的茶汤中可以看到明显的残渣或者漂浮物。

品味道

优质红茶茶汤的口味香甜，有花果香味，回味有点甜；劣等红茶的茶汤味道苦涩，难以下咽，同时有异味，最直接的感觉就是"不好喝"。

红茶的冲泡方法

水温

红茶属于比较娇嫩的茶叶，适合 90℃ 左右的水温，不适合长时间加温熬煮。

茶具与投茶量

红茶适合用紫砂壶、瓷壶等来冲泡，为了观察茶汤的颜色可以使用玻璃杯。投放茶与水的比例为 1：50，即 1 克茶叶加入 50 毫升水。若要冲泡奶茶，则需要用咖啡杯或大玻璃杯。

冲泡方法

普通冲泡法

冲泡时间多为 2～3 分钟，有的茶需要在 30 秒钟之内倒出茶汤饮用。

西洋冲泡法

需要选较大的玻璃杯或者咖啡杯，将茶包放入其中，加入三分之一的水冲泡，1～2 分钟后将茶包取出，倒入奶并加入方糖；也可以放入茶包并冲水至七分满，然后将切块水果放入，再加入冰糖或柠檬汁调味，即可饮用。

祁门红茶

是世界上著名的三大高香茶之一，因为其特殊的香气而出名，因此被戏称为"祁门香"。英国最著名的下午茶，搭配的红茶就是祁门红茶。祁门红茶被他们誉为"在中国的茶香里，发现了春天的芬芳"。

茶叶品鉴

祁门红茶外观为棕红色，条索都是一样的大小，在放大镜下可以清楚地看见叶片上覆盖着一层细密白毫。假货条索要么没白毫，要么就是表面有一层绒毛，但这不是白毫，而是有些类似桃子表面上的毛。

正品祁红冲泡后茶汤红艳美丽，如夕阳的色彩，有苹果和兰花的混合香气。多次冲泡后，茶汤颜色自然变淡，每一泡的颜色过渡都很自然。假茶叶却多为染色茶，第一泡茶汤颜色特别红艳，后面几泡因为颜色析出显得寡淡，汤色浑浊，滋味有些苦涩。

冲泡要点

1. 祁门红茶是高香茶，因此冲泡之前要先闻香，投放茶叶前最好先暖壶，投入茶叶后摇晃几次就可以闻到祁门红茶的特殊香气，冲泡过程需要使用闻香杯。

2. 祁门红茶冲泡后，最好在杯子里面保留两三分钟再出汤，不要冲泡出来马上饮用。为了便于观察茶汤的颜色，最好是使用玻璃和白瓷茶具冲泡。

红碎茶

红碎茶不是劣等的茶叶，而是一种特定的茶叶，由叶茶、碎茶、片茶、末茶等按照一定比例组合而成，主要用作袋泡茶。红碎茶最先产于印度，有超过百年的历史，而在我国也已有三十年的历史。

茶叶品鉴

红碎茶是经过了切碎处理的茶叶，碎茶颗粒很紧密，条索看起来比较"紧"，看起来好像土褐色

的砂子，比较重。红碎茶中看不见叶子，不能出现泥土色或者死灰色。如果茶叶外观看起来有泥会或者摸起来脏手，就是陈年老茶。若有过于鲜亮的颜色，则为假货染色而成。

红碎茶冲泡后颜色略带褐色，红艳清亮，红得很有层次，明度和亮度都很柔和养眼，没有沉淀物，并有花果的香味，冷冻后呈现出炼乳状。如果红碎茶汤色泛黄，或者红色看起来有点像染料色，就说明茶叶是假货。如果茶汤颜色发灰，就多为老茶叶冒充新茶。假茶叶没有香气或香气很淡。

冲泡要点

1.红碎茶冲泡后多有花果香，因此不仅可以单独饮用，还可以和花果一起混用。红碎茶以香气为特色，可以加入糖类或者柠檬汁调味。

2.红碎茶如果饮用不便，那么可以做成茶包备用。但是茶包内仅仅放入茶叶，切不可将冰糖等调味品放入茶汤内，以免冰糖融化后让茶叶受潮，影响口感。最好使用玻璃杯，便于观察茶汤的颜色。

正山小种

正山小种是历史上最古老的红茶，又叫拉普山小种，原产于中国福建省武夷山市桐木关，被称为"红茶鼻祖"。正山小种的条索紧密地包裹起来，芽尖呈现出黄金色，后来的工夫红茶就是在正山小种的基础上发展起来的。

茶叶品鉴

真品正山小种条索是黑色的，看起来很整齐，包裹紧密，看起来很干净，没有碎茶末。劣等品外形比较松散，碎茶很多。

冲泡后正山小种茶汤的颜色是红色，有明显的黄金圈，茶汤有桂圆味，茶香是松香味，香味很独特。劣等品茶汤颜色浑浊，冲泡后有漂浮物，茶渣叶片不完整，没有香味，或者有胶味，滋味单薄或者粗涩。

冲泡要点

1.正山小种不适合长时间冲泡，前四泡的时间不要超过30秒钟，后面的时间也不要超过一分

钟，长时间冲泡后，不仅香气丧失，而且颜色会发生改变。

2. 正山小种有独特的香味，最好用玻璃茶具进行冲泡，这样可以观察茶汤的颜色。

3. 正山小种能够去油腻，因此适合混搭咖喱和肉类，也可以搭配甜品。

 ## 滇红工夫

滇红工夫茶属于大叶种类型的工夫茶，香气浓厚，滋味鲜美，其出类拔萃的品质受到了广泛的赞誉。滇红工夫现在以外销俄罗斯等地为主。即使加入了奶，依旧香气扑鼻。滇红工夫水浸出物高达40%，饮用口感极佳。

茶叶品鉴

滇红工夫叶子肥硕，颗粒紧密，身骨重实，茸毫显露，其毫色可以分为淡黄、菊黄、金黄等颜色，产地不同而颜色略有差异。其条索紧密匀称，色泽乌润，有的表面有一层光泽。滇红工夫冲泡后会形成黄金圈，两层颜色之间过渡十分自然，冷却后呈现出炼乳状态，有些浑浊。滇红工夫主要是出口销售，国内市场的真品较少。滇红工夫产量小，一般有防伪标志。

假冒的滇红工夫茸毫几乎看不见，冲汤后颜色看起来比较死板，而且缺少香味，口感差，感觉涩口。冲汤后看见红色呈一片，看不见黄金圈。第一次冲泡后颜色艳丽美观，随后颜色变得寡淡，或者几乎看不见什么颜色。

冲泡要点

1. 滇红工夫需要浸泡2～3分钟才能出汤色，因此不要过快饮用。饮用前最好闻香，体验其独特的香气。

2. 滇红工夫有一定的保健功能，能够促进消化，去除油腻，可混搭巧克力或者甜点，也可以加入糖和奶。

政和工夫

政和工夫茶分为大茶和小茶两种，是我国特有的茶种，最主要的产地为福建省政和县，历史已经超过千年，是传统的出口商品。据说政和工夫的茶种是由南宋一位过路讨水喝的乞丐发现的，那时当地人并不认识茶叶，经过乞丐的"指点"才认识了该茶种。现在政和工夫、坦洋工夫、白琳工夫是闽北三大著名工夫茶。

茶叶品鉴

政和工夫茶大茶外形肥壮，覆盖着一层厚厚的白毫，色泽乌红，汤色红浓，香气扑鼻；小茶条索较小，汤色稍微浅淡，红底依旧均匀美丽，大茶和小茶冲泡后香气馥郁迷人，均有一层美丽的黄金圈，十分引人注目。

假冒的政和工夫茶多为染色茶叶，叶片上看不到白毫，而且冲泡后颜色刺眼，有的有化学制剂的味道。第一次冲泡后颜色艳丽，随后就很淡，这是因为染料在高温下溶解了；或者茶叶颜色艳丽，茶汤的颜色很淡，这是因为染料附着在茶叶上，不溶于水。

冲泡要点

1. 政和工夫需要浸泡2～3分钟（叶片较大时需3～5分钟）才能出汤色，香气很重，水温保持在90℃左右即可。等到茶叶不再翻滚，茶汤完全变红，叶片在水中完全舒展才能饮用。

2. 政和工夫原则上一杯水冲泡三克茶即可，以用泉水冲泡为最佳。政和工夫可以煎煮，但是最好是装入茶包中再煮，煮茶最好选用玻璃茶具，然后小火熬煮，加入水果块和冰糖、柠檬汁等饮用。蜂蜜最好不要在高温下加入，以免有效成分分解。

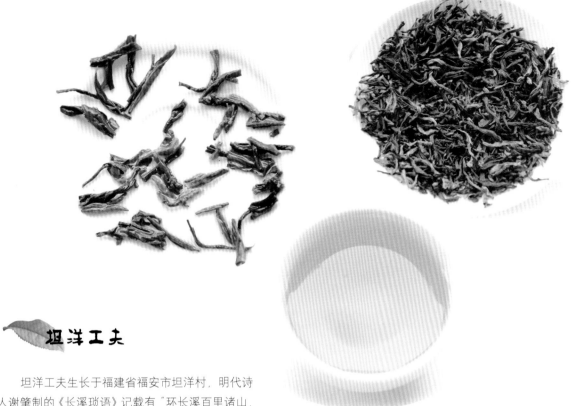

坦洋工夫

坦洋工夫生长于福建省福安市坦洋村，明代诗人谢肇制的《长溪琐语》记载有"环长溪百里诸山，皆产茗"，真实地反映了当时山上遍种茶叶的场景。坦洋工夫产量大，出口历史长，出口量也很大，在清代咸丰年间就已经闻名世界，现在坦洋工夫依旧保持着稳定的出口量。

茶叶品鉴

坦洋工夫是绿茶经过发酵而制成的红茶，茶本身是黑色的，外形细长，身上披着白毫，色泽乌黑，茶汤香甜柔美，颜色是橙黄色或者红色，带着黄金色彩，有明显的黄金圈。由于颜色自然地在高温下析出，因此每一泡的颜色过渡都十分自然。

劣质的茶品多为染色茶，表面上看不见白毫，看起来比较死板，冲泡的茶汤颜色会与真品有差异，第二泡的颜色会比第一泡浅很多。

冲泡要点

1. 坦洋工夫是绿茶发酵而成的，但品种却是红茶，冲泡的时候温度会比绿茶冲泡的温度稍高，同时在茶杯中保存的时间也稍长。坦洋工夫不能高温泡煮，否则茶汤美味会被损失掉。水温以85～95℃为佳。

2. 坦洋工夫可多次冲泡，茶水比例约为1:40或1:60，可以冲泡6～10泡。第一泡为一秒钟，第二泡为两秒钟，第四泡后时间可以略长。

3. 冲泡坦洋工夫时，如果要加入奶制品，最好是放入茶包中煮茶，或者放入滤网，坦洋工夫不能长时间与水果混煮。

黄茶

　　黄茶由绿茶发展而来，是我国特有茶种，炒制茶叶的过程中因为加入了特殊的"闷堆渥黄"工艺而形成品种系列。黄茶的各个品种外观差异较大，从针叶状到片状均有。黄茶最明显的特征就是黄汤黄叶，其条索在干茶的状态下呈现出不同深浅的黄色，冲泡后茶汤的颜色是黄色，晶莹透明。黄茶中有代表性的品种有君山银针和蒙顶黄芽。

茶叶的生长环境

黄茶喜欢水分，生长在雨水充沛的地方，在崇山峻岭中形成的小自然环境中成长茁壮。黄茶生长需要充足的养分，因此更适合生长在土壤条件好、微量元素含量高、土层比较厚的环境里面。

新鲜黄茶和陈旧黄茶的鉴别

看茶形

新鲜黄茶的茶形比较美丽，色泽呈现出金黄色或者黄绿色，表面有白毫，而陈旧黄茶色彩暗淡，氧化程度高，有的染色茶叶看起来颜色很艳丽，不自然。

品茶汤

新鲜的黄茶味道香醇，茶汤的颜色如同黄色的水晶。陈旧的黄茶已经被空气氧化了，茶汤的颜色会相对暗淡，入口后没有新茶那么香，而且看起来颜色有点偏褐色，茶汤的鲜美程度也要差一些。

优质黄茶和劣质黄茶的鉴别

看条索

优质黄茶的条索整齐划一，很多品种的茶形都差不多，大部分是直形的。如果茶叶碎茶较多，看起来很老，或者茶叶的形状大小不一，有弯有直，就是劣等茶叶。

看颜色

优质黄茶最直接的特点就是黄汤黄叶，叶子看起来是一个颜色。如果同一品种的茶叶的颜色看起来深浅不一，或者有迷彩色，就是劣等茶叶。

看茶汤

黄茶的茶汤是黄色的，看起来自然舒服，呈透明状，在玻璃杯中或者阳光下晶莹剔透。如果

看起来茶汤的颜色过于艳丽和晦暗，就是劣等茶叶或者假货。

品茶味

冲汤后，优质的黄茶汤色黄绿明亮，饮用会有甜香味。如果感觉汤色混浊，香味寡淡或者没有香味，就是劣等茶叶。劣等茶叶的茶汤往往苦涩，口感差。

黄茶的冲泡方法

水温

黄茶是用比较嫩的茶叶炒制的，因此冲泡的水温不能过高。高档的黄茶主要是芽，水温不能超过85℃，普通的黄茶冲泡时，水温需要99℃。

茶具与投茶量

黄茶冲泡时，能欣赏到漂亮的"茶舞"，所以最适合用玻璃杯冲泡。茶与水的比例为1:50。即1克茶叶加入50毫升的水。对于价钱低廉的茶叶，为了便于充分释放茶汤，可以选用紫砂壶或者白瓷盖碗。

黄茶可以用中投法、下投法来冲泡，这一点和绿茶比较相似。

君山银针

君山银针的历史十分悠久，在唐代就为人所熟知，在后梁的时候就已成为贡茶了，据说文成公主入藏所携带的嫁妆中就有君山银针。君山银针仅为芽头制成，汤色橙黄，冲泡时，可以明显地看到茶汤中茶叶片像根根银针直立向上，最为显著的特点是入水后会产生"三起三落"的变化，此为茶芽吸水后，重量不同步增加所致。

茶叶品鉴

君山银针芽头茁壮，长短大小均匀，内面金黄色，外层白毫包裹完整紧密，外形像银针。假茶或劣等茶外形长短不一，看起来有些零碎，有的能看见有老叶子在其中，或者整体都是老叶子，闻起来有青草味。

正品的君山银针，冲泡后的茶汤呈现出浅黄色，香气清新，银针在水中竖立。假茶茶汤中的银针不能立起来，或者直接沉到茶杯底部。

冲泡要点

君山银针需要用95℃以上的开水冲泡，加盖三分钟后就会出现茶叶在水中起伏的姿态。如果水温太低了，君山银针不能在短时间内充水，就会横躺在水面上，失去观赏性。

茶叶的姿态是欣赏的重点，尽量使用玻璃杯进行冲泡。但是用玻璃杯冲泡，因为无盖，所以水温降低过快，就会导致茶叶的姿态发生变化，所以最好使用双层保温并加盖的玻璃杯冲泡。

北港毛尖

北港毛尖产于湖南省岳阳市北港，在唐代就已经有书面记载，被称为"邕湖茶"，至清代渐有盛名。这里雨量充沛，茶叶比较滋润，维生素含量较高，口感也很清新舒适。

茶叶品鉴

北港毛尖呈现深墨绿色，外形较大，有毫尖，带有香气，茶叶表面油润但不油腻，看起来新鲜宜人，手感较重。冲泡后汤色为橙黄色，滋味十分醇厚，经过浸泡后呈现出花朵的形态，连续冲泡四五次后依旧香气扑鼻。

假货表面上色泽分布不均匀，多为枯黄色或者灰白色，茶叶的手感轻飘飘的，劣等品的茶汤冲泡后会有苦涩的味道，香气寡淡或者几乎没有香气。

冲泡要点

1. 北港毛尖采摘的是细嫩的茶芽，最好使用玻璃茶具进行冲泡，便于更好地观察茶叶在水中身形的变化。茶叶应该使用 80℃ 左右的开水进行冲泡，不能使用高温水，冲泡后应该加盖静置，等待茶叶舒展开来。

2. 北港毛尖刚泡好的时候是横卧在水面上的，加盖后会逐渐沉入水底，真品下落时会产生气泡，犹如"雀舌含珠"。冲泡北港毛尖，每次需要用茶 3 克左右，以先快后慢的方式先冲入一半的水，茶叶湿透后才注入另外一半的水。

广东大叶青

大叶青茶是特色黄茶，因为其名称有个"青"字，很多人都会误认为是青茶。大叶青茶产于广东省韶关、肇庆、湛江等县市，为广东特产。相对于别的茶叶种类而言，大叶青茶外形较大，但是制作工艺和其他黄茶完全不同。

茶叶品鉴

大叶青茶色泽青润显黄，叶片很厚，晒干后比其他品种的条索大很多。总体大小基本一致，颜色也一样，叶片完整并显毫，看起来比较沉重，老嫩均匀。冲汤后叶片完全舒张，汤色橙黄明亮，滋味醇美回甜，在阳光下晶莹剔透，没有任何杂质。

大叶青茶对治疗癌症有辅助作用，市场需要量大而产量有限，因此假冒货品较多。从外观上看，若条索有大有小，有深有浅，则为两种茶叶混合在一起的劣品；若看起来"色彩斑驳"，则为假货，

冲汤后可以明显地看到汤色为深黄色或浅褐色，看起来有些暗沉，有时候有细碎的茶渣浮在水中。

冲泡要点

1. 大叶青茶需要冲泡五次，前面四次都需要98℃的开水，但是最后一泡水温稍低，95℃即可。

2. 第一泡、第二泡为5秒，第三泡为10秒，第四泡为20秒，第五泡为1分钟。完全冲泡开后才能饮用。

海马宫茶

海马宫茶产于贵州省大方县，具有绒毛长和鲜嫩的特点，外形看起来十分美丽。据说是在清代乾隆年间，贵州大定府简贵朝回乡祭父，带回的茶种种植形成海马宫茶。因汤色如同绿色的竹子一样美丽，因此也被命名为"竹叶青"。海马宫茶在清代已经是贡品茶，现在海马宫茶在该县的海马宫乡种植数量较多。

茶叶品鉴

海马宫茶的颜色是黄绿色的，在黄茶中较为少见，茶叶条索紧结密卷，芳香扑鼻。冲泡后绒毛十分明显，叶底嫩黄，在玻璃杯中呈现出琉璃色彩，茶汤纯度很高，没有杂质，回味甘甜。

劣质的海马宫茶干茶偏于褐色，颜色浑浊，叶片冲泡后明显较老，碎茶末多，冲泡后有较多的茶渣。茶汤像青草的颜色，茶汤内有残渣浮动。

冲泡要点

1. 将70℃的开水冲入茶杯1/2处，浸透茶芽，然后再加入水至满，加盖冲泡，5分钟后可以看到茶芽的姿态发生了很大的变化，茶叶上下浮动，个个挺立，"三起三落"。

2. 冲泡用具可选用玻璃杯、白瓷、黄釉瓷暖色调五彩壶和盖碗，玻璃杯最好加盖。

霍山黄芽

霍山黄芽产于安徽省霍山县大别山腹地，久负盛名，在唐朝就已经是贡茶。司马迁曾在《史记》中高度赞扬了霍山黄芽的神韵："寿春之山有黄芽焉，可煮而饮，久服得仙。"

茶叶品鉴

霍山黄芽为嫩绿色，形似雀舌，身上有一层薄薄的白毫，茶形挺直，没有皱折和弯曲。

茶叶置于茶荷中会有浓郁的香味。如果干茶外形看起来比较弯折，或者茶形粗大，就为假货。

正品的霍山黄芽冲泡后，可以看到茶叶纤细修长，茶汤的颜色呈现出琉璃般的黄色，仔细品尝，混合着花香和熟板栗香，滋味醇厚甘甜。假茶冲泡后茶汤颜色较深，有的无味，有的有青草味。

冲泡要点

1. 采用中投法冲泡，水温大约80℃，水温不要过高，以免茶叶泡老后颜色暗沉。

2. 冲泡用具可选用玻璃杯或盖碗，特别是双层带盖的玻璃杯。

鹿苑毛尖

鹿苑毛尖历史悠久，早在清朝就已经被列为贡茶，其芬芳的味道和醇厚的滋味被广为称道。"清漆寺的水，鹿苑寺的茶"，便是对其美丽色泽和甘甜滋味的绝佳赞誉。

茶叶品鉴

鹿苑毛尖略带鱼子泡的颜色，条索呈现环状，白毫很明显，通体橙黄且带有金光，因此很容易识别出来。假冒茶叶的茶形会有明显差异，弯曲但是极少能够呈现接环状。

冲泡后，鹿苑毛尖香气扑鼻，汤色为黄色，叶底嫩黄匀称，没有漂浮的絮状物，也没有沉淀物。假冒茶叶冲泡后，茶汤中浮渣很多，茶汤混浊不透明，给人感觉"很脏"。

冲泡要点

1. 鹿苑毛尖采用中投法冲泡，水温大约80℃。冲泡时，水不能长时间在茶杯中停留，第一杯水应该倒掉，喝第二杯和第三杯的时候，香气扑鼻，让人流连不已。

2. 鹿苑毛尖最重要的特色就是其浓厚的香气，因此应该用紫砂茶具进行冲泡，便于更好地释放其香气。

皖西黄大茶

皖西黄大茶已经有四百多年的历史了，其香气扑鼻，浓郁芬芳，被誉为"天下第一香"。明代许次纾曾经在《茶疏》中详细地记载了其炒制的过程；中国茶叶泰斗陈椽也曾经在《安徽茶经》中详细记述了其主产地。台湾也有黄茶出产，但霍山县黄大茶产量最多，最为著名。

茶叶品鉴

皖西黄大茶是典型的大枝大叶大香茶，叶子肥厚巨大，香气扑鼻，因为炒制的方式特别，所以茶叶有一种焦烟的香气。假冒茶叶茶形普遍较小，味道清淡，香气寡淡，缺少焦香味。

正品的茶叶冲泡后茶汤黄中带褐色，茶汤清亮有光泽，没有漂浮物，滋味醇厚浓重，有焦香味（俗称"锅巴香"）。假冒茶叶冲汤后颜色比较深，看起来"脏兮兮"的，茶汤浑浊有沉淀物。

冲泡要点

1. 皖西黄大茶为半发酵茶，最好使用工夫茶具进行冲泡，茶壶的容量不能太小，因为皖西黄大茶体型较大，泡茶用水最好选用泉水或者井水。

2. 皖西黄大茶的香气很特殊，最好先闻香后才饮用，同时也注意将茶汤含在嘴里，慢慢地品尝茶汤的美味。

沩山白毛尖

沩山白毛尖在唐代就已经很出名，在清代同治年间的《宁乡县志》中有"唯沩山茶称为上品""不让武夷、龙井"的记载。1941 年，当地《县志》曾经记载了沩山白毛尖采集和出口的情况。沩山白毛尖以密印寺院内数株味尤佳，其主人是寺院内的老禅师，因为吸收了禅师的灵性而口感极佳。

茶叶品鉴

沩山白毛尖边缘呈现出卷曲的形状，色泽黄亮油润，白毫显露。冲泡后茶汤是透明发亮，有明显的松烟香味，茶汤的油性比较重，没有絮状的漂浮物，也没有明显的残渣。

仿冒的沩山白毛尖多是由劣等茶炒制而成的，为青草味或者无味，茶汤中油分比较重，冲泡后浮渣多，茶汤混浊，部分时候看起来"油腻腻"的。

冲泡要点

1. 先温杯，然后将茶叶投放其中，待开水冷却至 85℃ 然后冲泡，茶杯仅仅到八分满就行。

2. 最好使用玻璃杯进行冲泡，可以欣赏茶叶从水面落入水底翻翻起舞的姿态。沩山白毛尖有开胃消食的功效，可以调养身体机能，因此很适合食欲不好的人饮用。

茶叶

温州黄汤

温州黄汤又称为平阳黄汤，在清代就已经成为贡茶，至今已经有两百余年的历史。温州黄汤在浙江南部的部分山区种植，但是以南雁荡山区出产的茶叶质量为最好。历史上最记载的温州黄汤，并不特指现在的温州黄汤这种茶叶，而是包含了蒙顶黄芽在内的部分黄茶。温州黄汤曾经一度失传，现在已经被茶客广泛接受。

茶叶品鉴

温州黄汤条索纤细修长，黄绿色，冲泡后叶底呈现出花朵的形状，茶汤的颜色黄而透明，如同黄色的水晶一样，晶莹剔透，没有任何杂质，看起来与茶具浑然一体，除了甜味外，还带有明显的酸鲜爽味。

仿制品外形看起来比较粗糙，或者看起来很平滑，黄色过于鲜亮，看起来就好像是油漆刷过一样，冲泡后茶汤颜色发灰发褐，颜色暗淡，看起来有杂质，呈现出半透明状。

冲泡要点

1. 温州黄汤茶与水的比例约 1 : 40，即 3 克干茶配搭沸水 100 ~ 150 毫升。冲泡时，温度不能过高，85 ~ 90℃ 的水就足够，温度太高了，茶的香味会损失掉。

2. 温州黄汤可以用玻璃或者白瓷茶具冲泡，泡好后应该立刻饮用，不能凉下来。放凉后，其香味将大打折扣。

蒙顶黄芽

蒙顶黄芽出产于四川省名山县的蒙山高处，至今已经有超过 2000 年的历史，是历史上最好的贡茶之一。和所有的黄茶一样，蒙顶黄芽也是以"黄汤黄叶"为特色，是蒙顶茶中的极品。

茶叶品鉴

蒙顶黄芽外形扁平修长，色彩为绿中带黄，芽毫毕露，颜色醇厚，是一种以观赏性为主的茶叶。茶叶冲泡后的姿态变化万千，茶汤呈现出醇厚的黄色。

蒙顶黄芽的产量比较小，故而假冒品很多，多用别的品种茶叶染色制成。假茶的颜色黄得不自然，表面的芽毫看起来"有气无力"，冲泡后茶汤的颜色明显不同，要么偏于褐色且不透明，要么成为"颜料黄色"，购买时最好现场冲泡。

冲泡要点

1. 蒙顶黄芽属于较为特殊的黄茶，香气浓且有醇味，最好使用玻璃杯冲泡，因为观赏其芽的姿态是特色。冲泡蒙顶黄芽要用温度仅仅 70℃ 的水，水烧开后需要冷却一段时间才能冲泡。

2. 蒙顶黄芽最好放入玻璃杯中，玻璃杯需要保暖或者加盖，冲泡 5 分钟后才能饮用。

白茶

　　白茶是一个完整的茶叶系列，其品种是根据茶树的品种来区分的：从茶树采集的茶叶称为"小白"，而从大白茶茶树采集的茶叶叫作"大白"。白茶是芽茶，比较嫩，浑身披着白毫，看起来就好像穿着一件白色的衣服。白茶的汤色十分清澈，味道比较淡，因口感有些回甜而备受喜爱。白茶中最突出的品种是白毫银针。

茶叶的生长环境

白茶喜欢生长在海拔较高的群山中,雨水充沛,不能过冷或者过热,同时土层较厚,土层中有适合茶叶生长的各种微量元素,远离污染环境。

白茶喜欢和竹子生活在一起,越靠近竹园的白茶越有特殊的蕙兰香气。白茶不喜欢阳光太强烈的地方。

新鲜白茶和陈年白茶的鉴别

看条索

新鲜的白茶颜色偏绿,身上有一层淡淡的白毫,看起来很光洁,而陈年的白茶颜色相对暗淡,比较偏黑,看起来有些旧,条索看起来有点灰尘。白茶以陈茶为好,其保健功能随着年份的增加而增加,但是如果保存得不好,味道就会差很多,保健功能也会打折扣。

闻香味

陈年的白茶香味比较醇厚,香气重但是不混浊,也不刺鼻,有提神醒脑的功效,新鲜的白茶茶香较淡,没有杂味,气味比老茶要浅。

耐泡程度

新鲜白茶滋味浅薄,多冲泡几次味道就比较淡了;老白茶已经陈化,相对而言比较耐泡,有的可以连续冲泡七次且有滋味。

优质白茶和劣质白茶的鉴别

看外形

优质白茶条索外形较大,叶子肥壮,叶片相对完整,同时平整舒展,碎裂少,叶片上有银色白毫,叶片为绿色或者灰绿色。劣质白茶相对瘦小,破碎多,叶面上有黑红色的斑点,白毫少或者基本上看

不见白毫,看起来有点像"营养不良"。

看汤色

优质白茶冲汤后颜色明亮,色彩温和,颜色为杏黄色,同时口感比较醇厚,没有杂味。劣质的茶汤颜色泛红或者有混浊的漂浮物,没有香气或者香气寡淡,有的甚至有臭味。

看叶底

优质白茶冲泡后叶底有明显的经络，叶片完整，劣质白茶冲泡后可以看见有很多碎片，叶片死板，经络不明显或者不完整。

白茶的冲泡方法

水温

白茶原料为芽，比较细嫩，适宜 85℃ 左右的水温，不能高温冲泡。水温太高，白茶会被"泡老"，茶叶泛黄，而且茶汤的香味会减淡。

茶具与投茶量

最好使用玻璃茶具进行冲泡，可以看到白茶在水中优美的姿态，也可使用玻璃盖碗。白茶冲泡不需要投茶太多。茶叶与水的比例为 1：50，即 1 克茶加入 50 毫升水。

冲泡方法

白茶多用中投法进行冲泡，因为白茶加工时工艺流程少，没有破壁，所以茶汁需要泡 5 ～ 10 分钟后才能浸出。

白毫银针

白毫银针身材修长挺拔，冲泡后呈现出针状，身上包裹着一层密密麻麻的白毫，颜色是银白色的。白毫银针分为北路银针和南路银针，前者产于福建福鼎，后者产于福建政和。杯中奇观让人流连不已，香气扑鼻，是白茶中的珍品，素有"茶中美女""茶王"之美称。

茶叶品鉴

白毫银针的特色是它银白色的身躯和修长的针状形态。因为采集时候要求都是芽，所以白毫银针较小，冲泡后大约长 3 厘米，看起来银装素裹，威风凛凛。冲泡后，茶汤清亮，颜色浅，可以明显看到银针直立在水中。假冒品多为茶树的叶子所制，不仅没有香味，冲泡后还会散开呈树叶状。

冲泡要点

1. 投茶后注水，水温在 85 ～ 90℃ 之间。一般 5 分钟左右茶叶才会在水中挺立，此时可以慢慢欣赏茶叶的姿态。品饮则要等 10 分钟，茶汤泛黄之时才饮用。

2. 冲泡时，最好使用玻璃茶具，便于观察茶叶美丽的姿态。同时，如果使用玻璃杯，那么最好使用有盖的玻璃杯，最好是双层玻璃带保温效果的。

新工艺白茶

新工艺白茶是以一种特殊工艺制作的白茶，简称"新白茶"，是传统炒茶工艺的突破。新白茶对原材料的依赖程度很低，只需要茶叶就行，所以产量大，价钱也比较低。新工艺白茶没有经过发酵，口味醇正，茶汤汤味浓厚。

茶叶品鉴

新白茶经过烤箱烘烤后制成，外形微卷，成半条状，冲泡后茶汤没有清香，颜色是橙红色的，茶汤味接近绿茶，颜色有点像红茶，但没有发酵的味道，本味重，没有杂味。

很多新白茶的炒茶工艺不过关，冲泡后茶汤颜色要么发黑，要么颜色过红，口感不好，茶汤火气太重，显得干燥发涩，这是炒茶时火候没掌握好所致。

冲泡要点

1. 新工艺白茶冲泡相对简单，所以广为流传，对茶具的要求也不高，紫砂茶具、白瓷茶具、青瓷茶具或者玻璃杯都可以。

2. 经过这种特殊工艺制作的茶叶，冲泡时间会稍长，水温不超过 90℃，冲泡时间不低于 5 分钟。

白牡丹

白牡丹产自福建福鼎，是白茶中的"美少女"。白牡丹茶不仅茶形美丽，茶汤颜色醇厚，而且具有退热、祛暑的保健功效，是夏日祛暑养生的佳品。常饮白牡丹茶，能够让人精神愉悦，心旷神怡。

茶叶品鉴

白牡丹茶茶芽上覆盖着一层细密的白毫，叶面呈灰绿色或翠绿色，叶片的表面比较完整，整体看起来很新，色彩柔和。如果干茶叶破碎较多，没有白毫或有棉絮状白毫，就为假茶。

正品白牡丹冲汤后，茶汤呈现出黄绿色，叶片舒展，有红褐色的纹路。而劣等茶叶冲汤后，颜色较深，茶汤无味或者有青菜味。

冲泡要点

1. 白牡丹茶虽是白茶，但是茶汤的颜色更像黄茶，汤色杏黄清澈，香气鲜爽，需要用 85 ~ 90℃ 的开水冲泡，静放 5 分钟后才能饮用。

2. 白牡丹茶可以用冷水冲泡，将茶叶放入玻璃杯后倒入冷水，浸泡 4 小时后可品饮。这样可以充分保留茶叶中的营养物质。

 贡眉

贡眉又叫寿眉，是白茶中产量最大的品种，是以菜茶茶树芽叶制成，主要产于福建，在台湾也有生产。白茶历史悠久，在 150 年前就已经世界闻名，是英国女王十分喜爱的品种，其足迹遍布近四十个国家，被誉为"茶叶活化石"。

茶叶品鉴

贡眉为灰绿色或者翠绿色，茶叶全部凋零，眉心呈现出纯净的白色，冲水后，叶片的边缘呈现出微小的锯齿状，有明显的波纹状痕迹，汤色为橙黄色或者深黄色，细品有回甜。

贡眉的劣等品很多，外观看色彩发黄，毫毛看起来很死板，有一种烟草味，为烘焙不当所致。冲汤后颜色较黄，或者呈现出褐色，口味比较差。

冲泡要点

1. 贡眉原料细嫩，叶张较薄，冲泡时水温在 80 ～ 85℃ 为宜，冲泡的时间不宜过长，一般 3 分钟就可以。不要使用保温的茶具来焐茶，以免变色。

2. 冲泡贡眉选用玻璃杯，可以欣赏贡眉在水中叶白脉翠的美丽外观。

花茶

　　花茶是一种利用茶胚和花混合的加工工艺形成的茶种,冲泡时扑鼻的花果香气是其最显著的特点。高档的花茶是有香无花的, 而市面上的所谓花茶, 很多是茶叶加入了废料的花朵后拌制而成。花茶很适合女士,多在玻璃茶具中进行冲泡。

茶叶的生长环境

花茶是在加工的过程中，因为采用特殊的工艺而形成了新的茶种。花茶的茶胚主要是绿茶或者乌龙茶，前者需要雨水充沛、光照时间长、土壤有机物较多的环境；后者需要气候温和、海拔高、日照时间较短、昼夜温差大的环境，土壤有较多的有机物。茶叶生长的环境需要较多的水分。

新鲜花茶和陈旧花茶的鉴别

闻香气

花茶保存的时间较短，一般不超过半年，时间稍长，其有效成分就会被挥发掉。新鲜的花茶香气较重，很浓郁，芳香扑鼻；陈旧的花茶口感较差，香气淡，茶叶味道也比较寡淡。

比重量

新鲜的花茶比较干燥，分量轻，而陈旧的花茶吸收了潮气而变得湿润，相对较重，用手掐后感觉比较绵软。

看包装

新鲜的花茶，特别是高档的花茶，一般都不散卖，而是用锡箔纸包装好，预防精油挥发；而陈旧的花茶包装看起来比较破旧。

优质花茶和劣质花茶的鉴别

看重量

优质的花茶分量比较重，如果茶叶比较轻，看起来枯萎的话，就不是真的花茶，而是用别的劣等茶叶来冒充的。

闻香气

花茶最重要的特点就是有浓郁的花香，这是因为茶叶窨制后吸收了花的精油所导致的，高档花茶

中是没有花的。但是有的不法商人会将丢弃的花朵放入低档茶叶中，这些花朵没有香气，茶叶香气寡淡，感觉味道"茶是茶，花是花"。更有不法商人将香料洒在茶叶上冒充高档花茶出售，这些茶叶完全没茶味，能够闻得到是刺鼻的化学制剂味道。

看茶汤

冲汤后，可以感觉到优质花茶花香扑鼻，同时也有淡淡的茶香，茶叶很完整，汤色是清亮的；劣质花茶要么就是茶汤混浊，可以看到有很多茶渣，要么有很多杂花漂浮在水面上，甚至在水中能够看到明显破损的茶叶。

尝口味

优质的花茶冲泡后，芳香扑鼻，口感舒适，没有刺鼻的味道。劣质的花茶看起来有很多花，但是茶汤的口感较差，没有香味。香料冲泡后，水面有油分，第一泡香气刺鼻，第二泡香气全无。

花茶的冲泡方法

水温

采用不同茶胚制作的花茶,冲泡的水温不一样。用绿茶为茶胚来制作成的花茶,冲泡的时候需要温度为80℃左右;用乌龙茶为茶胚制作的花茶,冲泡的时候为了能够将乌龙茶泡开,需要用100℃的高温水来冲泡。

茶具与投茶量

花茶主要用玻璃茶具或者白瓷茶具来进行冲泡。花茶香味较重,冲泡的过程中需要保留其特色香味。花茶冲泡不需要投茶太多。茶叶与水的比例为1:50,即1克茶加入50毫升水。花茶冲泡时间大约在2～3分钟之内。

冲泡方法

花茶可以煮泡饮用,但是用绿茶胚做出来的花茶,还是以冲泡为佳。花茶的最突出特点就是身上吸附着的干花的精油,无论是冲泡还是煮茶,都需要将茶汤静静地放置两分钟后才能饮用。花茶可以将茶汤烧开后再投入花茶,继续煮一分钟,这样茶汤的味道比较醇厚,香味保存较好。如果要将花茶在茶壶中进行冲泡,就需要冲水后紧紧地封闭盖子,以免茶叶的精油挥发出来。

茉莉花茶

茉莉花茶是花茶中的珍品，历史悠久，香气扑鼻，是全球公认的天然滋补茶品。花茶是将茉莉鲜花和绿茶茶坯进行拼合窨制而成，茶叶不仅外形秀美、毫峰显露，而且因为吸收了花香，所以更加香气浓郁。

根据茶胚品种的不同，茉莉花茶分为多类：用龙井茶做茶胚，就叫龙井茉莉花茶；用黄山毛峰做，就叫毛峰茉莉。

茶叶品鉴

正品的茉莉花茶条索均匀，色泽黑褐。若条索粗细不均匀，断折多，还夹杂有花片等杂质，则为劣品。此外，茉莉花茶的水分一般在9%左右，一些不良商家为了提高茶叶的香气和重量，故意把含水量提高，这样做容易使茶叶发生霉变，这样的茶叶一般用手指无法轻易碾碎。

茉莉花茶冲泡后，味道很香，如果闻到的不是茉莉花的香味，而是玉兰花味或杂花味，就说明茶叶品质不佳。如果花香很淡，甚至有霉臭味，就表明为假茶。

值得注意的是，不能凭借花茶中茉莉花的多少来评价茶叶，因为我们看到的花很可能是窨制工艺后重新放进入的，有的花没有任何香气，不过是一种"装饰"。

冲泡要点

1. 为了能够更好地释放香气，冲泡茉莉花茶时，水温不能过高，以免将花泡老了，花朵的颜色需要一直保持纯白色，而不能有红血丝。冲泡水温为85℃左右。

2. 茉莉花茶用盖碗泡茶效果很好，最好使用青花盖碗系列，并用盖杯的边缘轻轻将花朵赶到一边去，不要让花朵堵在入水处，这样花朵在茶汤中打转的时候就可以充分冲泡出香味。

玫瑰花茶

玫瑰花茶是将一定量的鲜玫瑰花和茶叶混合在一起，同时利用了高科技工艺制成的高档茶，香气浓郁，气味芬芳独特，有调经的作用。玫瑰花茶并不是将干玫瑰花和茶叶简单地混合在一起，还需要经过炒制工艺才能够饮用。玫瑰花茶色彩十分美丽，花朵泡开后浮在水面上，香气扑鼻，长期饮用对女性很有好处。

茶叶品鉴

玫瑰花茶外观看起来油亮饱满，冲汤后花香扑鼻，汤色很美丽。假冒的玫瑰花茶，多为劣等茶叶和烤制后的干花混在一起制成的，看起来都是花瓣，但是其实没有任何精油等有效成分。冲泡后，茶是茶，花是花，只有茶味，有的因为烤制不当，甚至还有酸味、醪糟味和霉臭味。

冲泡要点

1.玫瑰花茶中，如果玫瑰花是花蕾所炒制的，那就肯定泡不开。冲泡玫瑰花茶的水需要 70 ~ 80℃，不能过高或者过低，如果温度低了，玫瑰花的精油就不能充分释放；如果高了，玫瑰花精油就会在高温下分解。

2.最好使用玻璃杯冲泡玫瑰花茶。个别女性在月经期内饮用玫瑰花茶身体会有一些不适，最好是在月经期结束后才饮用。

玉兰花茶

玉兰花又名玉兰、望春花，与茉莉花、栀子花并称为〝盛夏三白〞，在诗人屈原的《离骚》中也有〝朝饮木兰之坠露兮〞的感叹。玉兰花茶青白片片，在水中展开，能够看见叶子表面充盈了水分后变得厚重莹润，十分引人注目。近距离观看，玉兰花瓣为片片白光，汤色浅白，接近透明。玉兰花花蕾即我们平时所说的辛夷花。

茶叶品鉴

玉兰花茶的特点为"浓、鲜、清、纯"，正品玉兰花的花朵在加工时已经剔除了。冲泡后，玉兰花茶会有浓厚的玉兰花香，这是由于玉兰花的精油已经渗入茶叶中的缘故。

假冒的玉兰花茶多为拌制的茶叶，茶叶中可以明显地看到有很多花瓣，但这些花瓣没任何精油，不过是把窨花后的废料与茶叶本身混合在一起而已；冲汤后只有茶味，没有花香。

冲泡要点

1. 玉兰花茶属于花朵茶叶，混制的绿茶也属于比较娇嫩的茶叶，因此不能使用高温水进行冲泡，如果温度过高，有效成分就会损失或挥发。冲泡温度为 75 ~ 85℃，随泡随饮。

2. 玉兰花的颜色比较浅，在冲泡的时候，会有口淡的感觉，可以加入冰糖等饮用

桂花茶

桂花茶是合成茶，由茶胚与鲜桂花共同窨制而成。香气十分馥郁浓厚，茶色呈现出明净的绿色，有特殊的桂花香气。桂花花瓣中含有精油，释放出的香气十分浓郁，但是该成分不能经受高温，因此不仅桂花茶中的桂花不能被太阳暴晒，而且也不能以高温水冲泡。

茶叶品鉴

桂花茶中的桂花经过窨制后，颜色依旧洁白如新，放入茶荷中香气扑鼻，冲泡后香气浓郁，茶汤中的桂花浮现在水面上，有完整的花形。

假桂花茶用不是桂花的植物来代替，呈现出褐色、黄色或者浅红色的色彩，香气完全不同。冲汤后要么无香，要么有一种怪味，为合成香料所致。

冲泡要点

1. 桂花茶属于低温冲泡的茶叶，冲泡前最好置于茶壶中，用80℃左右的水进行冲泡。最好使用玻璃茶壶或者瓷器茶壶，紫砂茶壶更适合冲泡黑茶或者绿茶。极品的桂花茶可以冲泡七次。

2. 桂花茶不用洗茶，需提前倒入滋润花和茶叶，然后再注入水至于玻璃杯中。桂花茶即冲即饮，大约浸泡2～3分钟就可以饮用。如果觉得味道比较淡，就可以加入蜂蜜调味。

珠兰花茶

珠兰花茶为调制花茶，是由传统的青绿茶和鲜花窨制而成的。珠兰花茶其貌不扬，但是其突出的芬芳却让人流连不已。珠兰花茶储存的时间较长，封存后依旧香气扑鼻；但不能存放在锡罐等密封性过好的茶罐中，应该让花茶自由呼吸。

茶叶品鉴

珠兰花茶从外形上看就是普通绿茶，但是其突出的特点就是浓郁花香。比较高档的珠兰花茶中看不见花朵，而劣质或假冒的珠兰花茶往往茶叶中混有各种花瓣。

冲泡后的珠兰花茶有淡淡的黄色，几次冲泡后颜色会逐渐减淡，但是不会一次析出，茶的香味和花的香味也逐渐递减。假冒的花茶一次冲泡后就闻不到香气了，或者香气刺鼻，有化学制剂的味道。

冲泡要点

1. 珠兰花茶属于低温冲泡的茶叶，冲泡前最好置于茶壶中，用80℃左右的水进行冲泡。最好使用玻璃茶壶冲泡，这样便于观察花朵在水中绽放的样子。

2. 珠兰花茶的香气重，适合慢慢品尝，冲泡好后最好置于闻香杯中欣赏。

乌龙茶

  乌龙茶和绿茶其实是从同一种茶树上生长出来的，但是绿茶没有经过发酵，而乌龙茶属于半发酵茶。乌龙茶风味介于绿茶和红茶之间，是一个独立的茶种，颜色较深，冲泡时需要用较高温度的开水进行冲泡。乌龙茶在抗氧化方面有突出的作用，最具有代表性的品种是铁观音和大红袍。

茶叶的生长环境

乌龙茶被赞誉为茶叶中的极品，深得其爱好者的喜爱。乌龙茶中最重要的两个品种铁观音和大红袍分布在福建省境内的高山中。乌龙茶为中国特有的茶叶品种，主要产于福建，在广东和台湾也有部分茶叶种植地，现在在四川或者湖南也有少数茶种种植。

福建产区海拔较高，"高山出名茶"，气候温和，日照的时间比较短，昼夜温差较大，高山上有弥漫的云雾，降水量大，土质十分肥沃。茶树在这里生产较慢，纤维素合成也相对缓慢，因此这里生长出的茶叶味道十分鲜美，有很多种名贵茶叶。

新鲜乌龙茶和陈旧乌龙茶的鉴别

看重量

新鲜的乌龙茶比较干燥，相对较轻，用手指捏住茶叶的两头，感觉比较硬，也比较容易折断；陈旧的乌龙茶因为吸收了不少水分而显得比较重，茶叶绵软，颜色稍深一点。

闻香味

高档的乌龙茶是有外包装的，从外面闻不到香味，但是散装的乌龙茶一般都装在玻璃罐子里面出售。如果看到罐子有很多碎茶，香味不纯，就说明是陈旧的乌龙茶。

看包装

乌龙茶，特别是高档的乌龙茶，是需要用锡箔纸来包装的，如果包装看起来很简单，不能很好地隔绝光线和水分，那么看一看包装的日期就知道是陈旧的茶叶。相对而言，包装较好的茶叶，即使时间稍长也比较新鲜。

优质乌龙茶和劣质乌龙茶的鉴别

看条索

乌龙茶的条索比很多茶种的条索都大，外形呈现出暗绿色或者黑褐色，表面有一层油光（但是不是油气要浸出来的那种）。劣质的乌龙茶条索比较细小，看起来轻飘飘的，颜色看起来比较差，呈现出枯红色、暗红色、铁锈色或者土褐色。

看茶汤

冲汤后，优质乌龙茶的汤色是橙黄色或者金色，有花朵的香味，冲泡后没有杂质，茶汤在阳光下很透明。劣质的乌龙茶有青草味、烟味和胶味，冲泡后茶汤的颜色暗淡混浊，味道淡薄或者苦涩。

看叶底

优质乌龙茶冲泡后，茶叶的叶片为绿色，镶嵌有红色"血丝状"经络，过水后能够看见经络的颜色镶嵌在叶片上。劣质的乌龙茶叶片上，红是红，绿是绿，界限分明，色彩暗淡，看起来有破碎。

乌龙茶的冲泡方法

1. 乌龙茶适合用 95℃ 以上的沸水冲泡，若水温过低，则茶香不容易析出。

2. 乌龙茶最好使用紫砂壶或者盖碗冲泡，但是盖碗冲泡后，热气散得快，可能茶叶都还没有完全泡开，因此最好使用紫砂茶具来进行冲泡。新手用紫砂壶冲泡。乌龙茶投放的茶叶较多，投放比例为 1：20，即 1 克茶需 20 毫升水。

3. 参见第三章中的紫砂壶冲泡技法，此处不再赘述。

铁观音

铁观音产于福建，是乌龙茶中大名鼎鼎的"排头兵"，享誉国内外，是中国的十大名茶之一。虽然是乌龙茶，铁观音却兼具红茶的甘醇和绿茶的香气，同时自身也有兰花的香气。铁观音是高温茶，需要以较高的水温冲泡。相对于别的茶叶最多冲三泡而言，铁观音可谓"长跑冠军"，冲泡六七次后依旧香味甘甜。

茶叶品鉴

看条索形状

真品铁观音条索肥壮弯卷，整个外观呈蜻蜓头的形状，色泽是砂绿色的。假货的茶形相对瘦小，看起来有大有小，比较稀疏。

看叶片形状

真品铁观音冲泡后，可以看到叶片上稀稀拉拉的锯齿，如果边缘密布锯齿或没有锯齿，则说明是假货。

看汤色

真品铁观音冲泡后，茶汤带有兰花香、花生味等多种香味，茶汤很透明，看起来与茶具浑然一体。假冒铁观音的茶汤中有很多沉淀物，看起来有杂质，汤色混浊，呈现出半透明的状态。

听声音

铁观音投入茶壶后会有"当当"的响声，感觉声音在茶壶周围不断回响；而假货投放入茶壶中，要么几乎听不见声音，要么声音暗哑，感觉被潮气浸透。

闻香气

铁观音属于耐冲泡的茶叶，即使冲泡到第七次依旧还保留着香气。如果冲汤后香气淡或者无香气，只有青草的味道，就说明是假货。假货冲泡后香气很快就消失了。如果第一泡香气浓厚，而后面几泡香气寡淡，就说明加入了香料，是不法商人"改装"的"铁观音"。

冲泡要点

1. 铁观音是高温茶，适合用95℃以上的开水冲泡，因此最好使用保温效果好的紫砂茶具和玻璃茶具（保温有盖）来进行冲泡。第一泡15秒左右即可出汤，以后每一泡增加15秒冲泡时间，可以连续冲泡七次。

2. 铁观音更适合用工夫茶的方式进行冲泡，不能加入糖、水果和花朵。

大红袍

大红袍是高山茶,产于福建省武夷山的高山上,是少见的岩茶。大红袍历史悠久, 在宋代就已经是"贡茶",至今在福建的岩石壁上还留下了"大红袍"的古代石刻。现在, 大红袍依旧是"茶中之圣""茶中状元"。

茶叶品鉴

大红袍外形包裹紧密, 有点轻微的扭曲感, 颜色呈现出乌黑色, 表面有油光, 灯光下或者阳光下有淡淡色泽。假冒的大红袍看起来比较凌乱, 碎茶多。

冲泡后, 大红袍叶片舒展, 每一片都是单叶, 茶汤的颜色橙黄明亮, 有兰花的香味, 第一次入口会觉得有点苦, 也有人觉得是苦中带甜。假冒的大红袍冲汤后, 茶汤中有杂质。若在很远就能够闻到浓烈的香味, 则很可能是加入了香料, 冲泡一次后, 香味就会消失殆尽。

冲泡要点

1. 大红袍十分耐泡, 可以冲泡 7 泡左右, 第一泡冲泡 30 秒左右即可出汤, 以后每泡增加 15 秒左右即可, 一泡冲泡的时间不能过长。大红袍的味道较淡, 没有很明显的香气。

2. 大红袍适合高温冲泡, 冲泡的水温不低于95℃, 最好使用紫砂茶具或者玻璃茶具, 也可以使用盖碗冲泡, 盖碗需要紧盖, 不能敞开泡, 以免温度过低不能将茶叶泡开。

冻顶乌龙

冻顶乌龙产于台湾的冻顶山上，在中国和东南亚都有很高的声誉，是台湾的乌龙茶中最负盛名的一种。过去因为冻顶乌龙的成品茶被用纸包包装好进行出售，也被称为"包种茶"。冻顶乌龙属于发酵型茶叶，经过了几次烘焙而成。

茶叶品鉴

看外形

冻顶乌龙叶片是墨绿色的，外形呈球状，看起来如一颗晒干的豌豆，局部会有零星的白色点状装饰。假茶主要由老叶子烤制而成，看起来颜色较深，比较干枯。

看汤色

冻顶乌龙是高山茶叶，汤色是橙黄色的，很透明清亮，入口后有回甜味。假冒茶叶汤色暗淡，茶汤中有残渣，看起来颜色不够透明。

看叶底

冻顶乌龙冲泡后，可以明显地看到叶片身上有癞蛤蟆状的斑点，叶底的边缘呈现出红色的点缀，中部是淡绿色的，颜色会稍微浅一些。劣质的茶叶看起来颜色没有层次感，往往是混在一起的。

冲泡要点

1. 冻顶乌龙可以多次冲泡，可以连续冲泡5次以上。第一泡40秒左右即可饮用，接下来每泡延长20秒的冲泡时间，以此类推。

2. 冻顶乌龙需要高温冲泡才能充分释放出茶叶的香味，因此冲泡的水温不低于95℃，需要用保温玻璃杯或紫砂茶具进行冲泡。

铁罗汉

铁罗汉是一种独特的茶叶，生长于武夷山中，在我国已经有将近 3000 年的历史。传说铁罗汉是从天庭中掉下来的罗汉枝条所长出来的茶树。王母娘娘设宴款待五百罗汉，其中一个罗汉将手中的罗汉枝条弄断后难以接上，因为害怕被怪罪，将枝条丢入武夷山中，枝条成为今天铁罗汉的茶树。

茶叶品鉴

从外观上看，铁罗汉条索壮实，褐绿色，叶子的边缘是朱红色的。铁罗汉最重要的特点就是香气扑鼻，冲泡前可放入茶荷中进行品鉴。冲泡后，茶汤呈现出美丽的橙色，有浓厚的花香味。

假茶的条索相对较小，比较瘦弱，香气刺鼻，有化学制剂的味道。冲汤后香气很快会水解，第一泡往往香气扑鼻，后面几泡寡淡无味，这是加入各种香料所致。

冲泡要点

铁罗汉茶多用小壶小杯冲泡，冲水水温为 90℃，第一泡冲泡时间为 45 秒，然后每一泡多 20 秒，可以连续冲 6 泡。使用 200 毫升的玻璃杯加入 5 克茶叶，第一次冲泡后，一分钟即可饮用，之后视茶汤的浓淡来饮用。

武夷肉桂

也称"玉桂"，因为其香气带有桂皮的香味而被称为"肉桂"，是产于武夷山中的高山岩茶，有的含有淡淡的乳香，经过四五泡后还有香味留存。武夷肉桂具有防癌、防辐射、抗衰老的作用，也被誉为"健康之宝"。

茶叶品鉴

武夷肉桂外形条索整齐，色泽为较深的绿色，部分品种的背部有癞蛤蟆状的小斑点。

表面上油润有光，置放于茶荷中有甜香，也具有奶油、花果和桂皮的香气，也有人觉得是淡淡的中药气。冲泡后，茶汤颜色橙黄清澈，叶片泡开后十分舒展，同时也镶嵌有红色的边，经过几次冲泡，还有淡淡的茶香味。

假冒品没有斑点，茶叶多有化学制剂的香气，冲汤后颜色偏于褐色，茶汤混浊有沉淀。

冲泡要点

1. 武夷肉桂属于乌龙茶中比较娇嫩的茶种，可以冲泡8次，第一泡时间不超过一分钟，之后每一泡时间逐渐延长。水温保持在98℃左右。

2. 茶水比例为1:20，每一克茶可以冲泡20～25毫升水。用玻璃杯冲泡可以看到茶叶在水中的姿态。

闽北水仙

闽北水仙的名字源于最早的"祝仙"。1939 年，张天福教授在《水仙母树志》中曾经记载了道光年间一个苏姓的泉州人在砍柴途中所挖取的树种长成茶树的故事。《建瓯县志》详细地介绍了这个树种，称它高可达 5 米，栽培的历史将近两百年。

茶叶品鉴

闽北水仙晒干后，茶叶条索紧密结实，首部宛如蜻蜓的脑袋，叶子的边缘夹杂着红色的装饰，被称为"三红七青"。 假货的叶片边缘没有红色的装饰，或者红色不明显。

闽北水仙香味较淡，连续冲泡 7 次还依然留有残香，叶底柔软，有很明显的红色边缘装饰。茶汤入口后甘爽醇厚。假货的茶汤颜色为褐色，没有兰花香，只有青草的味道或者没有味道，入口后味道不佳。

冲泡要点

1. 闽北水仙属于高温茶，需要用 95℃以上的开水冲泡，放置 5 分钟后才能饮用。闽北水仙用比较小的茶壶冲泡效果会更加好。

2. 闽北水仙更适合用工夫茶具来饮用，慢慢品茶效果会更好。冲汤后，可以在闻香杯里面慢慢饮用。

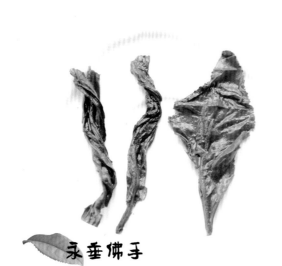

永垂佛手

永垂佛手产于福建，是有名的香橼种（相传用茶树枝条嫁接在香橼上而得），枝叶巨大，香味浓郁，民间传说中的"茶佛一味"，指的就是佛手茶。永垂佛手可以做茶用，也可以做药用，对软化血管有很明显的疗效。

清代康熙年间贡士李射策在《狮峰茶诗》曾经高度赞美了永垂佛手，称为"品茗未敢云居一，雀舌尝来忽羡仙"。

茶叶品鉴

佛手茶条索十分肥壮，色泽为深绿色，卷得很紧，表面有油光，有特殊的香气；假冒的茶叶往往条索相对瘦小，多以比较差的茶叶来冒充。

冲汤后，佛手茶有浓厚的香味，沁人心脾，香气不刺鼻，而是甘美的滋味。假冒的佛手茶多用低等的茶叶加入一定的香料进行冒充，第一泡香气尚可，后面几泡完全寡淡无味。

冲泡要点

1. 取出部分佛手茶置放于茶荷中，然后请大家闻茶叶的香味，然后再冲汤，需要99℃以上的开水进行冲泡。佛手茶冲泡后，第一泡为2分钟，第二泡为2分钟，第三泡为4分钟。

2. 佛手茶可以选用瓷器茶具或者紫砂茶具进行冲泡，可以直接借鉴盖碗工夫茶的泡法来进行冲泡。

黄金桂

黄金桂茶又叫"透天香"，产于福建省安溪县境内，因为汤色金黄，有着浓郁的桂花香而被称为"黄金桂"，也叫"黄旦"。因为在清明时节采集，所以也被称为"清明茶"。在所有的乌龙茶中，黄金桂是出芽时间最早的一种。

茶叶品鉴

黄金桂外形条索卷曲，金黄色的色泽让人流连忘返，表面有一层油润的物质，有花朵的香味，放入茶荷中香气扑鼻。假冒茶叶多为老茶叶染色，看起来颜色刺眼，表面很油腻。

冲汤后，黄金桂叶底呈现出黄绿色的色彩，有红色的边缘，汤色金黄明亮，香气扑鼻。假冒茶叶多加入香料，第一次冲泡过后香味就损失得很厉害。后面几泡基本上就没什么香气了，茶汤的颜色偏黑。

冲泡要点

1. 黄金桂中的芳香物质需要在高温下才可以释放出来，因此需要用 99℃ 以上的水进行冲泡。在冲泡的时候，最好使用纯净水或者矿泉水，茶具选用紫砂或者瓷器茶具，第一泡为洗茶，茶汤倒掉，第二泡和第三泡饮用口感最好。

2. 黄金桂泡入茶壶中需要较多的投放量，约 7克左右，即冲即饮。

凤凰单枞

凤凰单枞产于潮州地区，历史悠久，记录在册的饮用历史超过 700 年。潮州的工夫茶所使用的茶叶基本上就是凤凰单枞。凤凰单枞的品种很多，有很多种花香类型，观赏性强。

茶叶品鉴

凤凰单枞外形呈现出条索状，看起来比较肥壮匀整。整体的色泽为黄褐色，有的品种颜色会稍微偏绿一点，有的有一些朱砂般的红点，看起来有点像瓢虫的背部装饰。如果茶叶看起来比较零碎，有种霉味，就说明是劣等茶。

凤凰单枞冲泡的茶汤呈现出金黄色，茶汤很透明，没有沉淀物。凤凰单枞的气味很多，比如有兰花香、桂花香、茉莉花香、蜜兰香等，所以凤凰单枞冲泡后第一时间就要闻香。假冒的茶叶主要是加入了香料，有化学制剂的味道。

冲汤后，真品凤凰单枞比较肥大，茶身看起来丰满，边缘有朱红色的装饰，叶子腹部颜色较浅，接近黄色。假冒的茶叶冲汤后，整个叶片颜色没有变化，看不出色彩的变化。

冲泡要点

1. 凤凰单枞需要快速冲泡，否则茶汤的颜色就会灰暗，茶汤苦涩，失去了花果的香味。凤凰单枞可以冲 6 泡，但是第一泡不超过 3 秒，第二泡不超过 5 秒，以此类推，最后一泡（即第 6 泡）的时间不超过 30 秒。

2. 凤凰单枞的香气是其特色，因此冲泡后要闻香，不要急于饮用。凤凰单枞可以用工夫茶的方式进行冲泡。

白毫乌龙

白毫乌龙在台湾被称为"膨风茶"，也叫"香槟乌龙"，可以混搭白兰地饮用，加入酒后，茶汤会更加醇厚香甜。茶叶外观呈现出斑斓的色彩，红、白、黄、绿、褐五色相间。白毫乌龙传入英国皇室后，备受喜爱，曾被维多利亚女王称为"东方美人"。

茶叶品鉴

白毫乌龙的茶形比较特殊，不讲究条索，而是呈现出红、白、黄、绿、褐五色相间的外观，带有明显的白毫。

白毫乌龙冲泡后的茶汤呈现出琥珀般的色彩，也有水果和蜂蜜味，茶汤滋味十分可口。如果茶汤看起来比较灰暗，或者有点脏，就为假货。

冲泡要点

1. 白毫乌龙最好使用玻璃杯进行冲泡，水温稍低，为 80～90℃ 之间，茶水比例为 1:50，冲泡后需要加盖玻璃板，叶片如同花瓣一样张开，色彩深浅相间，十分美丽。

2. 如果想要感受一下异国风味，冲泡时就滴入几滴白兰地，味道会更醇厚。

文山包种

文山包种为乌龙茶中发酵程度最低的茶，也叫"清茶"。在清代，文山包种就是贡茶，因为茶叶由方形毛边纸包成四方包并加盖茶名及印章，所以被光绪帝赐封为"包种"。文山地区是台湾茶叶生产的最早发源地，至今已有超过 200 年历史，在当地久负盛名。

茶叶品鉴

文山包种的茶叶外形呈现出条索状，色彩为翠绿色，有一种好闻的花香，属于高香味的茶叶。冲泡后的汤色绿中带有黄金色，具有"香、浓、醇、韵、美"的特点，入口后齿颊留香。

假冒茶叶的叶片较大，显得条索较大，香气为人工合成的香料，没有花果味，冲汤后，香气很快就消失了。

冲泡要点

1. 文山包种茶需要在高温下进行冲泡，因此冲泡之前应该先烫壶。冲泡时，水温为 99℃；冲水应高冲，这样能够更好地释放香味。

2. 冲泡文山包种时，需放入茶壶三分之一体积的茶叶，为了能够保持一定的温度，便于茶叶充分受热，最好选用紫砂茶具或者带盖的保温玻璃茶杯。

茶叶的保存

坛藏法

　　将茶叶放置在坛子里面,放于通风阴凉之处,可以保存较长时间。选用的坛子为传统的瓦缸、陶瓷坛子、陶土(紫砂)坛子等,最好有盖。将茶叶取出后放置在白纸上,白纸最好选择可分解的白纸,如谷草纸或玉米纸等,将茶叶分成小包,每包不超过0.5千克,外面再包裹一层牛皮纸,并用绳子扎好后依次放入坛子里面。茶叶的四周放入干燥剂,比如干木炭、生石灰或者硅胶等。将坛子口密封好,放置在干燥通风的地方。坛子表面上要覆盖一层透气的纸张,同时标注好茶叶的存放量、时间和每次清洗的情况。同一个坛子里面最好只存放一种茶叶,以免茶叶之间串味。

　　干木炭和生石灰应该放入土布或者无纺布口袋中,扎好口袋并平稳放置。干木炭、生石灰与茶叶的比例为1:1:5,硅胶的吸水性更强,因此放置比例为1:10。干燥剂最好每隔3个月就换一次。用过的硅胶在阳光下暴晒,颜色由蓝色转为白色时候,可以再次使用。

袋藏法

　　袋藏法是一种经济实惠的茶叶存储方式。袋藏法应该选择口袋相对材料较厚,同时有一定透明性的塑料袋子。专业的茶叶存放袋是棕色的,可以避免光照。一般加厚的食品袋就可以存放茶叶,注意不能使用破碎的塑料口袋。如果用专业的茶叶存放袋放入茶叶,只需要密封后贴上标签就可。标签上标注茶叶存放量和时间。如果使用透明塑料袋,就应该给茶叶包上一层油纸或者棉纸,避免阳光直接照射。

　　若用较薄的塑料袋包装茶叶,则可以在装好后将空气挤出来,然后用铁尺子卡住塑料袋并在火上轻微烤一下,帮助塑料口袋密封好。

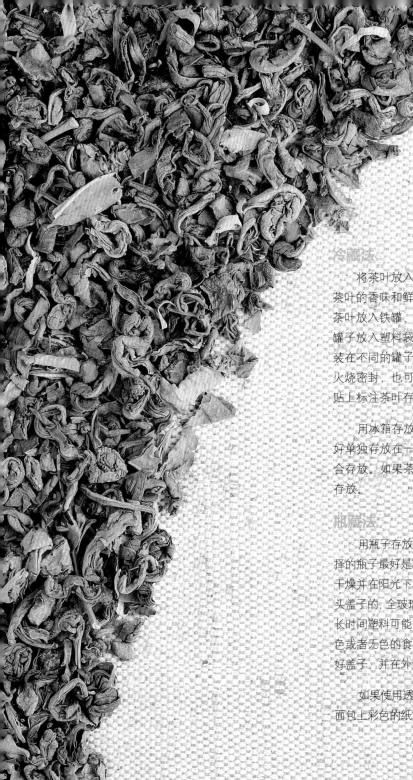

冷藏法

将茶叶放入冰箱里面冷藏，能够比较好地保留茶叶的香味和鲜味。用冰箱或者冰柜冷藏，应该将茶叶放入铁罐、玻璃罐或者不锈钢罐子中，同时将罐子放入塑料袋或者整理箱中，不同的茶叶可以分装在不同的罐子中存放。如果使用塑料袋，就可以火烧密封，也可以扎上更厚的袋子。分类放好后，贴上标注茶叶存放量和时间的标签即可。

用冰箱存放茶叶，温度最好不要过低。茶叶最好单独存放在一个抽屉里面，不要和水果、蔬菜混合存放。如果茶叶的量很大，可以选择单独的冰柜存放。

瓶藏法

用瓶子存放茶叶，也能够很好地保存好茶叶。选择的瓶子最好是玻璃或者不锈钢的瓶子，保温杯需要干燥并在阳光下消毒，玻璃杯最好选清洁透明且有木头盖子的。全玻璃的盖子内部是靠塑料垫子来密封的，长时间塑料可能老化造成漏气。玻璃瓶子可以选择棕色或者无色的食品玻璃瓶。茶叶放入后需要紧密地盖好盖子，并在外套上塑料袋，贴上标签。

如果使用透明的玻璃瓶子存放，就需要在玻璃外面包上彩色的纸或者牛皮纸，并用绳子将纸捆扎好。

茶道礼仪

　　"茶道"这个词，至今都没有出现在《辞海》或《词源》这种权威的辞书上，但从唐朝起，茶道一词已经使用了上千年。相对于西方中规中矩的文化系统构成，属于东方文化的"茶道"，更加讲究用自己的灵性去领悟和感知。茶道将最简单的"投放茶叶"和"冲水"两个动作发展成一套完整的系统，并自有一套礼仪。茶道礼仪不仅发扬了儒家文化的"礼"，更弘扬了一种养生文化——在茶文化中探索人类追求健康的步伐，造福人类的健康事业。

　　依托于茶文化的茶道礼仪，有很多方面值得我们学习。为了能够全面地了解茶道礼仪，又不为"繁文缛节"所累，在此，我们选择其中的一部分做介绍。

饮茶服饰

男女饮茶都需要服装整洁。男性需穿长裤，身着西装、中式服装或者舒适的衬衣或者夹克，衣服不能过长。男性不能穿运动服装和运动鞋，不能穿白色袜子，不能穿拖鞋，腰部不能露出内裤边缘。女性如果要跪坐，那么最好不要着裙装，穿长裤、中裤或者套装较好，不要穿运动服装，最好不穿平底鞋。女性坐下后，内裤的边缘和内衣的带子不能露出来。最好身着无痕内衣。

饮茶妆容

头发

饮茶时候，头发应该清洗并整理干净，男性的头发应该经过修剪，没有油光，也没有浓烈的香气，男性的头发应该呈现出黑色、棕色或者灰白色，头发清洗后需要吹干或者吹得半干，不能有水珠落下来；女性的头发清洗后应该整理成发型，长发应该用皮筋扎好，不能垂下，长发垂下的时候会下意识地去整理头发，影响泡茶的动作连续性，同时也可能扫过茶杯等物品。此外，女性不要选择刺眼的发色，也不要选择佩戴造型夸张或是有响声的发饰。发饰的颜色不能干扰客人对茶叶的品鉴。

化妆

饮茶时，男性最好不化妆，仅仅需要清洁身体和面部保持干净即可。女性需要做好皮肤护理，可以化淡妆，但是不要化浓妆。化妆品选择无香或者淡香型，不要喷洒味道浓郁的香水，也不要佩戴香包，以免合

成的香气影响茶叶本身的香气。不要使用中药气味重的化妆品，不要使用粉末状的化妆品。化妆品需要使用后能保持在皮肤表面，不能有水珠在皮肤表面滚动。

首饰

饮茶的时候，可以佩戴简洁款式的首饰，但是不能佩戴款式夸张的首饰。过长的耳环会影响品茶时手的动作，不能佩戴。项链和怀表的链子较长，可能会掉落在茶杯中，也不能佩戴。手腕上的手链很容易落在茶杯里面，也容易将茶杯碰倒，不能佩戴，特别是有吊坠的手链。饮茶前，需要将上述首饰放置在托盘上，单独存放，不能放于茶桌上。

双手

泡茶前，应该用清水洗手，最好使用香皂或者洗手液，不能使用有味道的洗涤制品（比如硫黄香皂）。洗涤后，最好用干毛巾将手上的水擦干或者使用干风机吹干。双手清洁后，手不要触摸脸部或者头发，也不要再触摸桌面。手擦干后，最好不要涂抹香脂或者香膏之类的化妆品，也不要使用油状护理品（以免手

上有油，造成茶杯滑落）。品鉴茶叶的时候，不能用手抓取茶叶，闻茶香需要将茶叶放置在茶荷中。

身体健康

饮茶者需要保持身体健康。腹泻时，因为要经常去厕所，影响茶客对茶叶的体验，所以最好不要在腹泻时请客喝茶；感冒发烧时，不仅鼻涕会污染茶汤，而且也会对其他茶客造成不好的影响，也不宜请客喝茶。

如果身体疲劳，情绪状态差，最好经过休息后再饮茶。患有传染病需要隔离治疗，更不能请客饮茶。患有其余一些不合适饮茶的疾病，比如精神病、癌症或者血液病，也不能请客饮茶。

饮茶座次

原则上，朋友之间没有座次之分，但是长幼有座次的差别，贵客为上座，主泡者的位置比较接近门口，方便照顾大家。端杯的时候，最好由长者最先举杯。

饮茶姿势

坐姿

饮茶者需要端坐在凳子或者椅子中部，不能仅

仅坐在凳子的边缘；身体的重心保持稳定，同时两腿膝盖并拢，正面看两腿为合拢状，女性可以将双手都放置于腿上，或者可以将左手放在右手上；男性的双手应该放于两腿之上。男女均不能两腿分开、跷二郎腿、两手在胸前交叉、含胸或趴在茶桌上。

跪坐饮茶，女性最好不着裙装。坐下后，需要坐在自己的脚后跟上，身体挺立，不能挪动。

奉茶的姿态

奉茶需要单腿跪下，左膝弯曲，与左腿成直角。右腿的膝盖着地，脚尖轻轻点在地面上，腰部挺直，双肩放松。奉茶也可以单腿弯曲，左膝弯曲后靠在右边的腿肚上，呈现出半蹲的姿态。女性的裙底不能露出来。

候茶的姿势

跪坐时，双膝需跪在在坐垫上，双膝靠拢，脚背点地。腰部以上保持挺直，同时双手交叉，放于腿上。可盘腿坐下，双手分别放于膝盖之上，此种姿势男性使用较多，女性使用的时候需要身穿裤装，不能穿裙子。

站姿

双腿并拢，身体挺立，眼睛平静地盯着前方，肩部放松，双手自然下垂，女性可以将手自然地放在腹部前方（双手虎口交叉相叠，左手在下）。男性双腿稍微分开，身体挺拔向上。男性站立后，十分挺直；女性站立后，侧面有明显的曲线。

行姿

男女行走都需要轻声前进，脚在一条线上，手不晃荡，端着茶杯前进的手与地面平行，不能抖动。

女性行走的时候，不能听见鞋底的响声，男女行走时动作都不能太大。如果侧身面对客人，就需要将身体转正。如果两个人面对面地相遇，就需要让客人先走。

女性行姿以站姿为准，行走的时候移动双脚，用腿用力，上半身保持不动。肩部放松，眼睛平视前方。男性的行姿同样以站姿为准，上半身保持不动。

转弯时候，右转右脚先行，左转左脚先行。回身时候，应该面对客人后退两步再转弯。

饮茶礼节

鞠躬礼

鞠躬礼是我国自古以来就有的茶道礼仪，根据弯腰的不同，分为真礼、行礼、草礼三种。真礼用于主客之间，行礼用于客人之间，草礼用于说话前后。

站式鞠躬

真礼以站姿为准备，将相搭的两只手逐渐分开，贴着大腿根往下滑，手指尖部触及膝盖的上沿为止。上半身由腰部开始倾斜，头、背、腿呈现出 90℃ 的姿势，慢慢直起身子，鞠躬要与呼吸配合，弯腰下倾的时候吐气，直起上身的时候吸气。

行礼的基本姿势与真礼相同，双手滑于大腿中部，头、背与腿部呈现出 120℃ 的夹角。

草礼的基本姿势与真礼相同，头、背与腿部呈现出 150℃ 的夹角。

坐式鞠躬

真礼以坐姿为准备，双手搭于膝盖上，腰部前倾，头、颈、背都呈现出弧形的状态。

行礼以坐姿为准备，与真礼差不多，但是位置稍低。

草礼即双手平放在大腿上，稍微欠身即可。

跪式鞠躬

真礼的跪式鞠躬，以跪姿为准备。背部保持平直，上半身向前倾倒，双手从膝盖上逐渐下滑，双手着地，双手手指相对。行礼的时候要配合呼吸，弯腰向前，抬身时需要吐气。前倾的时候，身体与膝盖之间的距离只容一个拳头。

行礼的基本姿势与真礼相同，身体倾斜程度为 55℃。

草礼的基本姿势与真礼相同，身体倾斜程度为65℃。

伸掌礼

这是茶道中使用最多的礼仪，多用于主人向客人请茶的时候使用，表示"请"或者"谢谢"的含义。两人对坐时，伸出左手，四指并拢，虎口分开，侧斜于敬奉的物品旁侧。对坐时候，左侧坐伸出左掌，右侧坐伸出右掌。在饮茶的时候，男性应该多照顾女性。

寓意礼

凤凰三点头：每次泡茶冲水的时候，需要高提水壶向茶壶内注水，上下提拉水壶，反复三次，表示一种敬礼。

放置茶壶的时候，茶壶嘴不能对着客人，这样表示请客人离开。

如果使用的茶杯有柄，就应该便于客人取用，放置于右侧。对坐的时候，左利手的客人可以自行调换。

提壶倒水的方向也是一种语言。右手提茶壶需要逆时针转来表示欢迎，左手需要顺时针表示欢迎。如果方向相反，就意味着送客（送客也在三泡之后，中途送客很不礼貌）。

饮
茶
与
健
康

茶叶的保健功能

茶叶的基本成分介绍

茶叶的主要成分是无机物和有机物（依据含碳的多少来确定）。在茶叶的主要成分中，超过95%的部分是有机物，剩下的无机物部分不到5%。茶叶中含有大量的微量元素，比如我们平时所说的磷、钾、硫、镁、锰、氟等微量元素。

新鲜的茶叶中，80%的含量都是水分，晒干后水分含量比较低。茶叶中含有大量的叶蛋白，但是仅仅少部分叶蛋白能够溶于茶汤中（总量不超过5%），还有二十多种氨基酸（总量不超过5%）。另外，茶叶中也含有少量的脂肪。

茶叶含有许多种酚类化合物，其中含量最高、保健功效最大的就是茶多酚，茶多酚是茶叶中的精华活性成分，而茶氨酸仅存于茶叶中。

茶叶中还含有部分生物碱，如咖啡因、茶碱、

可可碱、黄嘌呤、腺嘌呤等，这些生物碱在冲泡时可以溶解在水中。茶叶的苦味就是来源于咖啡因（其咖啡因的含量比咖啡豆更高）。茶叶中还含有香气成分，不同的茶品香气是不一样的。

茶叶中含有大量维生素，其中维生素 E 的含量比其他植物高。茶叶中还含有维生素 A、维生素 B₁、维生素 B₂、维生素 K、维生素 P 等，其中的 B 族维生素有软化皮肤，预防皮肤老化的作用，维生素可止血和预防坏血症。

另外，新鲜茶叶还含有叶绿素、叶黄素、类胡萝卜素等，这些维生素在太阳照射下会分解，因此晒干后其有效成分会损失很多，茶汤的颜色和这些色素的含量有一定的关系。

茶叶与日常保健

茶叶对维持人类的日常健康、促进身体的新陈代谢、维持器官的健康运作、减肥、保持机体活力、保持皮肤弹性等方面都有一定的作用。下面分别介绍一下茶叶对人体有哪些保健功能。

维持神经系统兴奋。茶叶中含有能够让中枢系统的神经保持兴奋状态的咖啡因和茶碱，能够使人精神振作、头脑清醒、心理状态积极向上，提高工作效率，保持机体活力。

促进泌尿系统代谢。泌尿系统依靠新陈代谢将各种废物排出体外，而茶叶中咖啡因和茶碱能够促进尿液的分泌，帮助排出体内毒素，对泌尿系统的代谢异常疾病有辅助治疗的作用，有时可配合红糖水解毒。

促进水肿排泄。茶叶中含有的咖啡因和茶碱，具有强心的作用，能有效地作用于平滑肌肉群，可

以对病理发生在平滑肌肉群内的各种疾病有辅助治疗的作用，比如支气管炎症、气管炎、心脏痉挛、心肌梗死、心律不齐等疾病。

促进血液循环。茶叶中的茶多酚和维生素 C，能够疏通血管内的堵塞物质，其分解脂肪的特性，也能缓解血脂过高的毛病，对疏通血管、促进血液循环、分解血液中的水分、保持血管弹性有一定的作用。

帮助免疫系统保护机体的安全。茶叶能够很好地抑制细菌繁殖，对细菌引起的疾病（如霍乱）有辅助治疗的功效，对加快皮肤破损处的感染创面愈合也有一定的积极作用。

促进口腔护理。茶叶中的氟可以较好地防止牙齿腐烂。茶汤进入口腔后，可以杀灭口腔中的细菌，抑制细菌繁殖，清新口气，消灭溃疡和咽喉肿痛，

让人体感觉舒适。

减肥作用。茶叶中含有咖啡因和叶酸，能调节脂肪代谢，促进脂肪有效分解，常规减肥药作用于消化系统的水分排泄，很容易反弹，但是茶汤可以祛除血管和内脏系统的脂肪，减肥效果稳定，不会反弹。需要指出的是，减肥其实是一个长期的过程，不要迷信只喝茶不控制饮食的做法，而要学会控制饮食、适量运动。减肥效果最好的茶是乌龙茶。

抑制癌细胞繁殖。茶叶中含有黄酮类物质，可以抑制癌细胞的生长发育，对癌症的治疗有辅助的作用，另外，部分茶叶能够较好地调节化疗引起的

各种不良反应，可以在化疗中辅助饮用。

茶叶与亚健康

茶叶能够很好地缓解亚健康状态。茶叶含有维生素 A、维生素 C 等物质，这些物质能够促进身体的正常代谢，改善肤色暗黄、皮肤干燥等毛病，保持心情愉快。同时，茶叶中的咖啡因和茶碱能够很好地促进脂肪分解，让免疫系统更好地工作，缓解睡眠差、肌肉酸痛、浑身无力等亚健康状态，恢复机体的活力。

服用茶汤：可以缓解睡眠不足、身体疲劳、消化不良、食欲差、心情郁闷、积食、精神差、注意

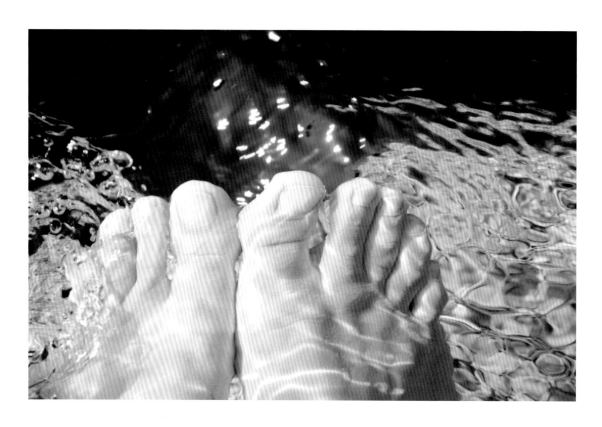

力不集中、中暑等毛病。

用茶汤泡脚：可以缓解身体疲劳、精力不足、注意力不集中、情绪低落等毛病。

用茶汤洗脸：可以缓解皮肤黑色素沉积、痤疮、皮肤干燥、瘙痒等毛病。

用茶汤服药：可以促进消化，帮助酶蛋白吸收和分解，调节肠道菌群结构，对缓解精神压力、提高情绪的稳定性也有一定的作用。

用茶渣做鞋垫：可以治疗脚气、皮肤瘙痒、身体疲劳等毛病。

用茶渣做枕头：可以治疗失眠、视神经疼、睡眠障碍，惊厥、焦虑等疾病。

茶叶与疾病

茶叶对疾病有辅助治疗的作用，但是茶叶本身不治病，不要相信茶叶包治百病的传言，得了病一定要去正规医院治疗，切不可自行服用茶叶"治病"。如果需要用茶叶辅助治疗，请遵照医嘱执行，不要自行加减，更不要想当然。

茶叶与养生

茶性是指茶叶表现出的性味及其特性，饮茶也需要"对症下药"。茶叶主要分为三种性，即凉（寒）性、中性和温性。比如绿茶、铁观音性偏凉，乌龙茶或者大红袍是中性的，红茶、普洱茶等茶叶是温性的。

中国的大部分名茶皆为绿茶，绿茶往往采集最鲜嫩的茶芽，加工过程中没有发酵的环节，营养成分高。绿茶的叶绿素含量很高，对胃肠道的刺激比较大，过敏体质的人饮用后容易呕吐或者肠胃不适，胃溃疡等消化道疾病患者不宜饮用。

不同年龄阶段的饮茶养生法

虽然饮茶适合对年龄禁忌不大，但是不同的年龄阶段有不同的饮茶养生法，因此，要根据自己的年龄特点来选择最适合自己的饮茶养生方式。

儿童时期

儿童处于成长发育期，脾胃娇嫩，器官的发育不够完善，骨骼也正在发育中，因此，不能服用性寒的茶叶，可以饮用温和的茶汤，比如红茶、普洱茶等。而且最好在茶汤中加入对应的中药，比如红枣等，也可以加入桔梗来促进消化。如果孩子觉得茶汤味道苦涩，难以下咽，就可以适当加入一些红糖调味。儿童饮茶需要趁热喝下，不要喝太凉的茶。

青少年时期

青少年发育已经基本上成熟，体质和成年人的体质特点接近，饮用茶汤没有特别禁忌。女孩子到了青春期后，月经期间需要饮用一些养生茶来调整体质，茶汤中加入红枣、黄芪、枸杞、红糖等中药材来温补。女孩子月经期不能饮用凉茶。

如果孩子的体型较胖，就可以选用一些利尿和减肥的茶汤，如乌龙茶。如果孩子身体瘦弱，脾胃不好，厌食，就最好选用养胃的茶汤，如普洱茶。

20来岁的青年可以试着冲泡绿茶饮用，绿茶味道甘甜，也能消暑，年轻人饮用能够祛除火气，身体感觉更加舒适。

30来岁的青年可以冲泡铁观音，不仅可以提神，还能开胃，同时茶汤本身也带着自然花香，口感很好，让饮茶者感觉舒适。

中年时期

中年人喝茶没有太多的禁忌，但是很多中年人会有些小毛病，饮茶的时候需要考虑自己的体质特点，避免加重病情，同时中年人不适合饮用过浓的茶汤。40来岁的中年人可以饮用单枞，有天然的兰花香，味道淡雅，用来漱口味道也很好。

老年人时期

老年人因为体质衰退、器官功能不足，所以更适合饮用茶性温和的茶叶，如红茶或者普洱茶等。这些茶叶既可以抗衰老，又能促进消化，还能加入人参、冬虫夏草、丹参等药物来养生，很适合老年人的体质，特别是普洱茶。普洱茶冷热均可饮用，可以消除食物油腻感，而且味道甘甜，能够软化血管，降低血脂，是老年保健养生的好选择。

不同气候环境下的饮茶养生法

在不同的气候和环境下，需要饮用不同的茶叶来养生。比如说，寒冷时，应该饮用比较燥热的茶（如

红茶）；而夏季最好饮用绿茶败火。如果长期处于使用电脑的环境之下，就最好喝乌龙茶，既能够提神醒脑，又能够防辐射。如果经过了长时间的运动或者体力劳动，就应该饮用红茶来解渴和补充能量。如果空气污染严重，就可以选择喝绿茶。如果处于室内经常静坐的环境，就可以饮用乌龙茶减肥。

如果想排毒清肠，那么菊花茶或者乌龙茶都是不错的选择。如果想降低血脂或者缓解孕妇高血压，饮用苦丁茶疗效就不错。如果环境干燥，久坐虚胖，就可以饮用苦丁茶或者普洱茶，如果经常情绪低落，同时又处于噪音的环境之下，就一定要饮用普洱茶。如果工作环境需要长期饮酒，解酒的乌龙茶就是不错的选择。如果工作环境压力大，容易上火，就最好饮用绿茶或者铁观音。如果经常在外吃饭，那么乌龙茶和普洱茶是不错的选择。

不同季节的饮茶养生法

在不同的季节饮用不同的茶，根据传统医学，茶叶因为不同的产地和品种而疗效各异。

春季饮茶

春季可以饮用绿茶或者部分花茶，茉莉花茶或者桂花茶是不错的选择。春季饮用的茶汤最好能够驱逐寒气，补充阳气，提高人本身的精神气，消除春困，从而让人变得更加有活力。

夏季饮茶

夏季天气炎热，因此可以饮用消暑类的茶叶，比如绿茶。绿茶香甜带苦味，富含维生素和氨基酸，同时也能让人消除烦躁的情绪，保持心情稳定。饮用绿茶可补充矿物质和氨基酸，保持身体健康。绿茶可以加红糖饮用。

秋季饮茶

秋季是收获的季节，天气比较干燥，适合饮用青茶，比如铁观音之类。这些茶叶能够润肤润肺，也能够配搭中药一起饮用，对人体保健大有好处。秋季的茶都比较温和，可适合配一些水果饮用，也可在饮用茶汤的时候食用一些甜食。

冬季饮茶

冬季天气干燥，十分寒冷，应该饮用一些红茶，调节身体机能，同时也能很好地保持心情舒畅。冬季要饮用暖胃的茶，如普洱茶，可促进消化，吸收营养，保持身体的健康。冬季因为吃油腻较多，饮用一些乌龙茶可帮助去除油脂。

不同体质的饮茶养生法

不同的体质应该喝不同的茶，如果体质燥热，容易上火，或者体型肥胖，习惯抽烟喝酒，就应该喝凉性的茶，比如绿茶或者铁观音，调整体内的内环境。如果虚寒体质，消化不好，体型瘦弱，吃点生冷的东西就拉肚子，就应该多喝乌龙茶或者普洱茶，调整肠道菌群，提高身体的适应能力和免疫力。

下列情况不适宜饮茶

睡觉前

茶叶有提神和养神两个方面的作用，既能让头脑变灵活，又会导致神经兴奋，难以入睡；因此，睡觉前最好不要饮茶，以免入睡困难。特别是新采集的绿茶，未经发酵，很容易让人兴奋，难以入睡，影响第二天正常的学习和工作，因此，睡觉前不能饮茶。

空腹时

空腹饮茶，如果饮茶过多，那么不仅会感觉到头昏眼花，甚至还会导致"茶醉"等现象，因此空腹不要饮茶。如果真的发生了"茶醉"，可以停止

饮茶，卧床或者坐在沙发上休息，饮用葡萄糖水或者糖水，或者吃一些糖果，必要的时候去医院治疗。

情绪烦躁时

情绪烦躁的时候不饮茶，因为饮茶会继续唤醒神经系统的兴奋性，加重烦躁和苦恼的情绪，造成身体不适。但是如果情绪很低落，不想出门，身体感觉疲劳，就可以服用茶汤调整神经的兴奋性。

发烧时

在发烧的时候，不能喝茶，因为茶叶中的咖啡因会让人体的体温升高，并且会使药效打折扣。

妇女孕期和哺乳期

孕妇不能多喝茶，因为茶叶中所含的茶多酚、咖啡因等物质会对母体中的胎儿不利，使胎儿的正常发育受到影响。在哺乳期，大量喝茶会使得过多的咖啡因进入乳汁中，容易导致婴儿兴奋，减少其睡眠。

患胃溃疡时

茶叶会促进胃酸的分泌，使得胃酸分泌量增加，这样会加大胃酸对溃疡面的刺激，如果经常喝茶，就会使病情恶化。

酒醉时

茶叶有唤醒中枢神经的作用，如果醉酒后大量饮茶，短时间内就会加重心脏的负担，可能导致生命危险。酒精中毒后，肾脏会加快工作，加速分解其中的醛类物质。茶汤吸收入人体后，醛类物质还没来得及分解，就已经从肾脏中排泄出来，对肾脏本身的刺激较大。如果酒醉，就应该饮用一些醋，利用醋酸来中和酒精，而不是饮茶。

就餐前后

饭前饮茶，茶水会冲淡胃液，使得食物的消化受到影响，容易导致消化不良。而饭后也不宜饮茶，因为茶叶中的草酸会与食物中的蛋白质、铁质发生化学反应，影响人体对蛋白质和铁质的吸收。

茶叶的健康窍门

饮茶可以减肥吗?

喝茶可以养生,茶叶中的微量元素对调节身体健康状态有辅助作用,但是喝茶本身并不能减肥。想减肥的人可以适当地饮茶,当然还得学会控制体重和适当锻炼。

之所以现在被广泛地误认为饮茶可以减肥,是因为很多减肥的药品都以减肥茶的名义出售,或者是在原茶的基础上加入了很多泻药的成分。这种减肥茶让人不停排泄,初期会令人减轻体重,但是短期内就会反弹,因为无法分解脂肪,而且人体内的微量元素还在排泄中被损失掉了,所以不仅不能起到减肥的作用,还会影响身体的健康。

经常饮茶能保持心情愉快?

茶叶本身含有的微量元素可以促使人体分泌出

快乐激素，让你觉得神清气爽，十分快乐，但是茶叶中的快乐激素含量很少，所以茶叶是健康饮料，不是刺激性饮料。

喝茶能够让人平静内心，洗涤掉内心的繁华，学会平和地看待问题，将心门打开，因此，喜欢喝茶的人大多心境平和，对生活有正确的认识，常常能保持心情愉快。不仅如此，因为喝茶的人往往会有一个交流的团队，团队中又会相互学习、相互交流，所以也能心情愉快。因此，茶叶本身对快乐心情的影响并不是很大，但是置身饮茶的环境里面确实能心情愉快。

孕妇能不能饮茶？

孕妇最好不要饮茶，母体需要为胎儿提供比较安全的环境，同时也能够自然阻断外界的污染源头。有的孕妇怀孕后睡眠不佳，而饮用茶叶后入睡更加困难，晚上不能很好地休息，会带有焦虑的情绪，

这些情绪会导致体内分泌毒素，让胎儿也觉得不安和不适。

有的茶叶有利尿的作用，孕妇饮用后会频繁上厕所，不仅生活不方便，而且会让胎儿感觉到不安。但有的孕妇因为习惯饮茶，怀孕后不能饮茶了反而会觉得很不安，影响身体和情绪。如果难以适应，那么最好征求医生的建议。

晚睡者要多饮茶？

晚睡者的生物钟已经习惯了现有的生活方式，而这样的生活方式要强行改变是比较困难的，晚睡者本人会感觉到不适应，难以坚持。

如果需要依靠饮茶来提神，那么晚睡者最好不要饮用太浓的茶叶，以免神经过度兴奋，引起睡眠障碍。但是对于长期在电脑前面工作的晚睡者，饮茶可减少辐射，保护工作者的身体健康，因此可适当地饮茶，补充维生素和水分。但是无论如何，都

不要饮用过浓的茶叶。以免形成依赖难以戒断，或者不饮茶后情绪低落、注意力不集中。如果长期饮用浓茶，就最好定期去清洁牙齿，保持口腔健康。

茶叶可以用来做菜吗？

茶叶是做菜的辅助原料，也有人将茶叶做成饮料粉末或者含片，现在也研制出了新的菜品，可用茶叶来炒菜，但是用茶叶烹制的菜品确实不多。

用茶叶做辅料做的菜品，最常见的就是茶叶蛋。很多人对茶叶选择有所挑剔，平时买到的茶叶蛋，一半都是用老鹰茶或者土茶煮的。煮好后能够有足够的蛋香，又能够保持茶叶的清香，让人口感舒适。龙井虾仁，就是用泡好的龙井茶和虾仁一起翻炒，不仅虾有茶的清香，而且茶叶香气扑鼻，让人感叹不已。

饮茶可以治疗便秘？

茶叶本身的微量元素可以调节身体机能，促进消化，对治疗便秘有辅助作用，但是茶叶本身不是药物，不能治疗便秘。

茶叶可以和通便的药物一起服用，具体的搭配方式最好请教医生，按照处方的要求进行服用。

儿童不能饮茶？

儿童完全可以饮茶。茶叶中的化学成分有500多种，有机物含量占95%，无机物有30多种。茶叶中的维生素对孩子的生长发育有很多好处。茶叶能够提供儿童生长发育所需的多种营养物质，儿童能够很好地吸收这些物质，因此，茶叶对孩子的生长发育有很大好处。

儿童食用茶叶蛋或者用茶制作的菜品，不影响其正常生长发育。儿童饮用成品茶叶，如蜂蜜茶等，也不会对身体造成伤害。茶会促进消化液的分泌，促进食欲，又能在一定程度上防止肥胖。儿童饮用茶汤后，茶汤会在口中停留一段时间，可以有效地抑制口腔内的细菌繁殖，预防龋齿。

茶汤还能够很好地帮助人体排出毒素，预防疾病的发生，因此儿童完全可以饮茶。但儿童最好不要饮用特别浓的茶叶，有的茶叶味道苦涩，儿童如果不喜欢就不要强迫饮用。

饮茶是老人的专利？

　　说到饮茶，很多人都会想起泡着一杯茶慢慢品尝的老人，但是事实上，饮茶适合几乎所有的成年人，也适合于儿童。茶是日常饮用的大众饮料，每个人可以按照自己的体质选择。在商业交往和朋友聚会中，饮用工夫茶不仅可以很好地品茶味，而且能够充分展示交际礼仪。

　　市面上有很多成品茶汤出售，比如菊花茶、中药茶、乌龙茶等。茶叶是茶饮料中的原料之一，但是茶饮料中加入了别的成分，可以适当饮用，但不要饮用太多。这些常温下的茶汤，有的可以加热饮用，有的则加入冰块后味道更好。

饮茶能够保持年轻？

　　茶汤被戏称为"养生汤"，因为茶汤中含有丰富的维生素和酶蛋白，如绿茶中含有的大量维生素C，可以调整人体生理系统，保持心情愉快，常饮茶确实可以让人显得年轻一点。茶叶中也含有一定量的酶，而酶本身也是一种生物催化剂，能够促进蛋白质分解为氨基酸，而这些氨基酸对人体是有好处的。茶叶中的特定成分可以分解油脂，保持健康体型，保护肝脏和心脑血管的健康。

　　饮用茶叶在抗氧化方面有一定的作用，因此常喝茶叶对保持年轻有一定的作用。但是茶不是"一喝就灵"的灵丹妙药，需要经常饮用，而且也要遵循自然发展的规律，过量饮用茶汤会造成水肿。

饮茶可以治疗癌症?

癌症的生化机制是饮用茶叶不能破除的，因此治疗癌症需要做正规的治疗。但是有时候在治疗癌症的时候，医生会提出一些辅助的食疗措施，有的辅助药品需要饮用茶叶，或者要和茶叶调和在一起才能服用。如果市面上有人鼓吹吃了某个品牌的茶叶就可以治疗百病，或者不可治疗的病痛，服用了某种茶叶就会"起死回生"，就肯定是骗局，千万不要相信。如果真的患有癌症，就一定要及时去正规的医院治疗，切不可买点茶叶在家喝却拒绝正规治疗。

饮茶可以美白皮肤?

茶叶中含有的维生素成分，可以对美白皮肤有一定的药理作用，但是茶叶本身不是皮肤增白的药物（肤色深是色素沉淀的结果，和遗传的关系很大，不是疾病，也不需要治疗）。

饮用茶叶可以调节人体的内环境，去除油脂，促进新陈代谢，让细胞更好地代谢，因此饮茶确实对美白皮肤有一定的帮助。

茶水可以用来泡脚?

茶水可以用来泡脚。茶叶水泡脚后可快速缓解脚的疲劳，改善身体的疲劳状况，促进血液循环，提高血液供氧能力，让身体充满了活力。选用红茶或者普洱茶效果更佳。有脚气的人也可以用茶汤来泡脚，不仅能够使脚气症状得到很好的改善，而且能够滋润皮肤，改善脚跟龟裂的状况，保持脚部的安全和卫生。另外，茶叶渣也可做成鞋垫放入鞋子内，可改善脚部状况。

茶叶可以直接吃掉?

在古代，大部分的茶叶都是可以直接吃的，但是现代已经很少有人吃了，不过在个别菜品中的茶叶是可以吃的，比如西湖名菜龙井虾仁。在日本有饮用抹茶的习惯，茶叶可以被碾磨成很细的粉末，然后做成调料加入很多食品中，比如茶饼干或者茶豆腐。茶叶中含有很多营养物质，比如铜、碘、叶绿素、胡萝卜素、纤维素、蛋白质等，但是茶叶中也含有不少重金属和农药残留，因此，如果不是单独种出来用作食品的茶叶，就最好不要直接食用。

饮茶可以预防感冒?

很早以前就流传着茶人不感冒的神话，现代科学揭开了其神秘的面纱：茶叶中含有儿茶素，具有抑制流行感冒病毒的作用，同时茶叶中的有效物质也能够释放在茶汤中。流感病毒很容易附着于口腔之中，用茶叶水漱口能够及时地清理病毒，抑制病毒在口腔中的繁殖。

饮茶能为身体补充维生素，这些维生素能够增强体质，改善身体的状态，对预防感冒也有一定的作用。

"慢性子"不能饮茶?

是否适合饮茶和性格的急躁还是不急躁没得关系,但是喝茶的人慢慢地都会改善脾气急躁的毛病,因此,喝茶对养生也有一定的好处。

相对而言,慢性子的人可能更加喜欢喝茶。因为慢性子的人生活节奏慢,感受能力更强,所以慢性子的人可能更加喜欢慢节奏的进食方式,而饮茶本身就需要有充足的时间来慢慢冲泡,慢性子可能更加爱喝茶。

有的药必须要混搭茶叶才能服用?

大部分的药物是不能混用茶叶的,茶叶具有吸附作用,会降低药物的疗效,但是部分茶汤需要混搭中药才能更好地发挥疗效。茶汤也可以做药引,有的中药制剂,比如茶调丸,需要用茶汤送服才能有好的治疗效果。

需要指出的是，不是每种茶叶都可混搭药物服用的，一般情况下，都是服用乌龙茶或者一些高山茶，也有些是绿茶。但是总的来说，即使用茶汤送服药物，也不能想喝就喝，而是应该按照医生的医嘱进行服用，不能过量，也不能过于依赖茶汤的作用。

茶叶可以吸潮?

茶叶可以吸收体内的潮气，在夏季的时候可以作为消夏的饮料，而且可以加入盐和中草药，可以调整体内的内环境，使人神清气爽。

茶叶也可以用来吸收体外的潮气，比如换季的时候可以将茶渣或者茶叶放入纸包中，塞入鞋子内，或放入衣柜、食品柜中吸收潮气。但是值得注意的是，茶叶吸收潮气的能力有限，因此，最好同时放入樟脑球或者防虫丸，一些经过药物泡制的木头也能吸潮和防虫。若新房装修后觉得潮湿，则可以撒一些茶叶来除潮。

饮茶会男女有别吗?

原则上，饮茶不分男女，但是实际上，饮茶还是有一定的性别差异。一般来说，女性的体质更加娇气一些，所以更加适合饮用红茶或者绿茶，可以在茶汤中加入牛奶。女性在经期最好饮用热茶，并加入一些红枣和桂圆之类的滋补中药，注意月经期内不能饮用冰茶。

至于平时是饮用寒性还是温性茶叶，需要按照人的体质特点来进行选择。一般来说，寒性体质的女性更多，因此，需要选择适合寒性体质的茶汤来进行饮用。

野外如何饮热茶?

在野外饮热茶，不仅能缓解身体和精神上的疲劳，而且能够保持体力，补充维生素。但是野外生存条件差，风大，获得水源比较困难，有的地方不能将水烧开……在这些艰苦的环境下，应该如何饮用热茶呢?

野外饮茶，水主要通过加热的方式获得，用木柴、炭火、酒精炉或者压缩酒精加热都是不错的选择。如果在野外用柴或者炭引火，就一定要注意及时熄灭火种，保证用火安全。茶汤可以在火上直接熬制好后放入保温桶中，也可以烧好开水直接泡制茶汤。罐装茶汤最好是在容器内加热后才饮用或装入保温桶。

如何自己动手做茶包?

自己制作茶包的方式很简单，购买空茶包自行将茶叶填充进去即可，也可以自己买食品级无纺布来制作。茶包制作成后，不能用胶水或者任何黏合剂，接口处用订书钉固定，茶包内容物也不能泄露，需要用特殊的折叠方式让茶包密封。

自己做的茶包，通常比买的茶包稍大，因此需要在较大的容器内冲泡。自制茶包因为茶叶本身不会粉碎，颗粒大，需要冲泡 2 ~ 3 次才能将茶味充分释放。茶包内的冰糖很容易融化并污染茶叶，因此最好单独放置。

喝茶会有茶醉现象?

部分人极少喝茶，或者大量饮用过浓的茶，会引发茶醉现象，即出现浑身无力、想呕吐或者头晕等现象。茶醉现象其实是饮茶过量，导致摄入了过多咖啡因，刺激了中枢神经过度兴奋，引发身体不适。茶醉是正常的现象，为了避免危险，每天饮茶不超过八杯（2000毫升），平时也要注意锻炼身体，保持身体健康。如果真的发生茶醉，那么不要惊慌，平躺休息后服用一些甜食就可，也可食用花生或者橄榄解茶。

如果平时都是饮用高发酵的熟茶，如红茶，突然改饮低发酵的茶，如绿茶，此类茶中含较多茶碱，就容易引起茶醉。如果突然改换茶叶品种，那么最好不要一次喝太多。

茶叶需要定期晒太阳？

一般来说，用作饮料的茶叶并不需要特别晒太阳，但是如果不小心被水浇湿了，可以晒干或者用微波炉烤干，其风味会有一些损失。储存用的茶叶比如砖茶，可以定期晒会太阳，祛除老砖茶所谓的"霉气"。

装在茶叶制品中的茶叶需要定期晒太阳，比如我们做的茶叶枕头、茶叶储物包、茶叶收纳袋、茶叶护眼制品、茶叶鞋垫等，如果外包装能够打开，那么最好将其散开，令内部全都能晒到阳光。如果不方便晒太阳，就可以用紫外线灯来代替阳光，也能起到消毒和干燥的作用。